创新型中等职业教育"十三五"规划教材

职业道德与法律学习指导

主编 姜 松 吴慧红 柳红波

江苏大学出版社
JIANGSU UNIVERSITY PRESS

镇 江

内 容 提 要

　　本书是与中等职业教育技能型精品教材《职业道德与法律》配套使用的教学用书，旨在帮助学生梳理、加深理解和巩固所学知识。本书按教材章节顺序编写，各章主要包括"知识结构归纳""学习指南""生活感悟"和"知识检测训练"等内容。

　　本书与教材配套使用，题型多样，内容全面，重视理论与实践的密切结合，可作为中等职业学校的辅导用书。

图书在版编目（ＣＩＰ）数据

　　职业道德与法律学习指导 / 姜松，吴慧红，柳红波
主编. -- 镇江 : 江苏大学出版社，2014.8（2019.12 重印）
　　ISBN 978-7-81130-796-2

　　Ⅰ．①职… Ⅱ．①姜… ②吴… ③柳… Ⅲ．①职业道
德－中等专业学校－教学参考资料②法律－中国－中等专
业学校－教学参考资料 Ⅳ．①B822.9②D92

　　中国版本图书馆 CIP 数据核字(2014)第 162557 号

职业道德与法律学习指导

Zhiye Daode Yu Falü Xuexi Zhidao

主　　编 / 姜　松　吴慧红　柳红波
责任编辑 / 吴昌兴　郑晨晖
出版发行 / 江苏大学出版社
地　　址 / 江苏省镇江市梦溪园巷 30 号（邮编：212003）
电　　话 / 0511-84446464（传真）
网　　址 / http://press.ujs.edu.cn
排　　版 / 北京金企鹅文化发展有限公司
印　　刷 / 北京京华铭诚工贸有限公司
开　　本 / 787 mm×1 092 mm　1/16
印　　张 / 9.25
字　　数 / 166 千字
版　　次 / 2014 年 8 月第 1 版　2019 年 12 月第 9 次印刷
书　　号 / ISBN 978-7-81130-796-2
定　　价 / 39.80 元

如有印装质量问题请与本社营销部联系（电话：0511-84440882）

前　言

　　本书是与中等职业教育技能型精品教材《职业道德与法律》配套使用的教学用书，旨在帮助学生疏理、加深理解和巩固所学知识。

　　为帮助学生理解教材重点，掌握学习方法，本书按教材章节顺序编写，各章主要包括"知识结构归纳""学习指南""生活感悟""知识检测训练"等内容。其中，"知识结构归纳"简要介绍本节知识结构，让学生简单了解要学的内容。"学习指南"又分为"自主学习"和"名师导学"，"自主学习"让学生根据问题，先对本节知识进行简单了解和学习，相当于我们常说的"预习"；"名师导学"中的"主要观点概述"将正文中的主要观点和概念提炼出来，起到一个加深印象的作用，"重点问题说明"指出本节的重点，便于学生有侧重地学习，"难点问题解析"指出本节的难点，并进行简单说明。"生活感悟"中给出了一些富有哲理的小故事和生活片段，让学生将所学知识与实际生活联系起来，做到学有所用。"知识检测与训练"分为单项选择、多项选择、简答题、分析题和实践题，从不同角度对所学内容进行多方位检测。

　　近年来，随着社会对中职生培养要求的提高，本门课程的教学大纲也在不断修订和完善。同时，有些读者在使用本书过程中，也提出了一些来自教学实践的新需求。针对这种趋势和需求，我们对本书进行了修订。修订的内容主要包括：依据新修订的教材更新本书内容，并对书中出现的个别错误进行更正；替换"生活感悟"中的部分案例，使其更好地辅助学生联系生活体会所学知识；在"知识检测与训练"部分添加了一些新试题，试题设计新颖、典型、实用。希望通过此次修订，本书更能满足广大师生的需求。

　　此外，本书的配套参考答案也随之进行了修订与更新，读者可以登录网站（http://www.bjjqe.com）下载。

　　在修订过程中，作者参考了大量文献资料，在此向原作者表示感谢；同时得到了许多专家、教授的支持和帮助，他们提出了许多宝贵意见，在此致以诚挚的谢意。

　　由于编者水平有限，编写时间仓促，书中不妥与疏漏之处在所难免，恳请广大读者批评指正，提出宝贵意见，以便进一步修订和完善。

本书编委会

主　编　姜　松　吴慧红　柳红波

副主编　李　妍　黄　静

目　　录

第一章 习礼仪 讲文明

第一节 塑造良好形象

一、知识结构归纳

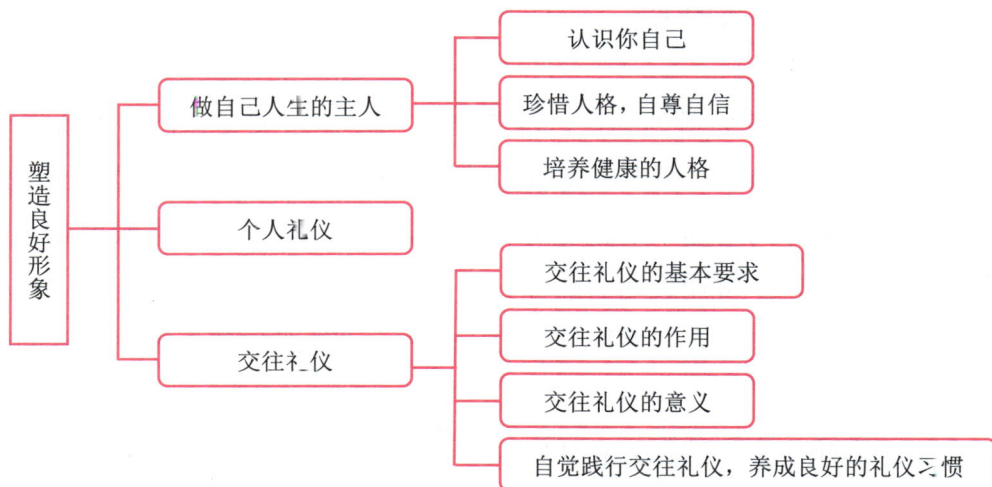

```
                                    ┌── 认识你自己
                    ┌─ 做自己人生的主人 ──┼── 珍惜人格，自尊自信
                    │                   └── 培养健康的人格
  塑造
  良好 ──┼─ 个人礼仪
  形象   │
        │                   ┌── 交往礼仪的基本要求
        └─ 交往礼仪 ────────┼── 交往礼仪的作用
                            ├── 交往礼仪的意义
                            └── 自觉践行交往礼仪，养成良好的礼仪习惯
```

二、学习指南

（一）自主学习

1. 如何做到正确认识自己？

2. 为什么要正确认识自己？

3. 如何维护自尊？

4. 自信对人生发展有什么重要作用？

5. 培养健康的人格应从哪几方面入手？

6. 培养良好的个人礼仪需要从哪几方面入手？

7．遵守个人礼仪有什么重要作用？

8．交往礼仪的基本要求有哪些？

9．遵守交往礼仪有什么作用？

10．交往礼仪蕴含着怎样的道德意义？

11．怎样养成良好的礼仪习惯？

（二）名师导学

1．主要观点概述

只有正确认识自己，才能做出适合自己的人生选择，找到适合自己发展的人生道路，做自己人生的主人。一个人正确认识自己、接受自己的能力，决定了他适应社会的能力。

自信是人对自身力量的确认，深信自己一定能做成某事，实现所追求的目标。自信能使人勇敢，使人有克服困难的勇气和自强不息的力量；自信是成功的基石，是自尊的基础，是促使人们奋发向上、不断进取、克服困难、自强不息的精神动力，是事业成功的前提。

人格魅力是指一个人在性格、气质、能力、道德品质等多方面具有的吸引人的力量。

人格会影响一个人的行为和认知，甚至会影响人的判断能力和选择。有一个健康的人格可以做出最适合自己人生的选择。

个人礼仪能很好地凝聚情感。现实生活中，人们之间的关系错综复杂，时刻都有可能发生冲突，甚至出现极端行为。良好的个人礼仪有利于使冲突双方保持冷静，缓解矛盾。

交往礼仪的基本要求是平等互尊、诚实守信、团结友爱、互利互助。

良好的交往礼仪，不仅满足人们走向社会的需要，还可以培养人们适应社会生活的能力，提高社会心理承受力。

学习交往礼仪可以帮助学生调节不良情绪、提高品德修养、培养接纳他人的意识，为自己赢得良好而和谐的人际关系以及为今后顺利就业和适应社会打下坚实的基础。

2．重点问题说明

（1）正确认识自己

做人首先要做自己，认清自己，把握自己的命运，实现自己的人生价值，只有这样，才真正算是自己人生的主人。要正确认识自己，就要客观地对待过去的自己和现在的自己，恰当地确立自己的发展方向；要从生理、心理、社会等多方面全面深刻地了解自己；要客观地对待别人的意见和建议。

（2）如何赢得他人尊重

自尊的人往往能赢得他人尊重。如果一个人连自己都不尊重，就谈不上尊重别人，更不会得到别人的尊重。

（3）遵守个人礼仪的作用

个人礼仪就像润滑剂，能悄无声息地消灭任何摩擦。现实生活中，人们之间的关系错综复杂，时刻都有可能发生冲突，甚至出现极端行为。良好的个人礼仪有利于使冲突双方保持冷静，缓解矛盾。如果人人都能自觉主动地遵守礼仪规范，按照礼仪规范的要求约束自己，那么很多矛盾可能就不会发生了。

（4）遵守交往礼仪的作用

① 有助于塑造良好形象；

② 有助于提升国民素质；

③ 有助于促进精神文明建设；

④ 有助于调节人际关系。

（5）养成良好的礼仪习惯

① 从小事做起，注意细节；

② 平等待人，尊重他人；

③ 顾全大局，求得和谐；

④ 增强意志力，提高自控力。

3．难点问题解析

（1）个人礼仪蕴含的道德意义

人格是指人的性格、气质、能力等特征的总和，是个人的道德、思想、灵魂、行为、态度及社会责任等的具体统一，通常也指个人的道德品质。道德品质并非天生自成，而是人们通过接受各种道德教育，并通过自身不断努力修养和践行才逐步形成的。个人礼仪具有塑造完善道德品质的意义，具有调节人们的自我修养行为的道德意义，是个人道德修养和品质在社会活动中的体现。

（2）交往礼仪蕴含的道德意义

从个人角度看，交往礼仪是一个人文化修养和优良品德的外在表现；从社会角度看，交往礼仪反映了社会风貌和公民文明程度。遵守交往礼仪的基本要求，能够增强民族凝聚力，促进社会主义精神文明建设，构建和谐社会。

三、生活感悟

（一）自尊心与成功

徐悲鸿在欧洲留学时，曾碰到一个洋人的寻衅。那个洋人说："中国人愚昧无知，生就当亡国奴的材料，即使送到天堂深造，也成不了才！"徐悲鸿义愤填膺地回答："那好，我代表我的祖国，你代表你的国家，等学习结业时，看到底谁是人才，谁是蠢材！"一年之后，徐悲鸿的油画就受到法国艺术家的好评，此后数次竞赛，他都得了第一，他的个人画展，轰动了整个巴黎美术界。这样令人惊叹的成就，是那个洋人远远不能及的。

【简析】自尊心使徐悲鸿发奋学习，最终取得了令人惊叹的成就，成为一名受人尊敬的画家。由此可知，自尊心是一个人成长、成功的重要条件。

【感悟】你还知道哪些自尊自信者取得成功的事例，请写在下面与同学和老师分享。

（二）小灵的困惑

小灵是个刚毕业不久的中职学生，在一家工厂的采购部工作。她经常跟同事抱怨："那家工厂的人真是讨厌得不得了，一点儿都不尊重人，每次打电话都透着不耐烦的口气。今天又打电话过去问价，她们只是口头报价，连个电子邮件都不愿意发，真是太气人了！"

【简析】自尊的人善于自我剖析、自我反省。人与人之间需要互相尊重，要想得到别人的尊重，首先要做到尊重别人。

【感悟】你在日常生活中遇到过这样的情况吗？能给小灵出个主意吗？

（三）自信就是力量

有一位女歌手，第一次登台演出，内心十分紧张。想到自己要面对上千名观众，她的手心一直在冒汗，嘴上还反复念叨："要是在舞台上一紧张，忘了歌词怎么办？"她越想，心跳得越快，甚至产生了打退堂鼓的念头。

就在这时，一位前辈笑着走过来，随手将一个纸卷塞到她的手里，轻声说道："这里面写着你要唱的歌词，如果你在台上忘了词，就打开看一看。"她像握着救命稻草一样握着这个纸卷，匆匆上了台，心里也踏实多了。她在台上发挥得相当好，完全没有失常。

她高兴地走下舞台，向那位前辈致谢。前辈却笑着说："是你自己战胜了自己，找回了自信。其实，我给你的是一张白纸，上面根本没有歌词！"

她展开手心里的纸卷，果然什么也没写。她十分惊讶，自己仅凭手握一张白纸，竟顺利地渡过了难关，获得了演出的成功。前辈说："你握住的这个纸卷，并不是白纸，而是你的自信啊！"

歌手拜谢了前辈。在以后的演唱路上，她凭着握住自信，战胜了一个又一个困难，取得了一次又一次成功。

【简析】自信是成功的基石，是促使人们克服困难、自强不息的精神动力，是事业成功的前提。

【感悟】请谈一谈你对自信的理解。

（四）以貌取人

一向学习不错的小丽中考时发挥失利，不得已上了职业高中，心情一度很苦闷。在一次礼仪课上，老师给大家提出了礼仪要求："入座轻稳莫含胸，腿脚姿势须庄重。双手摆放要自然，安详庄重坐如钟。"她勉强照着做了，奇迹也随之发生了。后来她这样说道："当我挺起长久以来含着的胸膛，世界仿佛变大了；当我庄重地举手投足，自己仿佛变得重要了；当我端庄安详地挺身而坐，即使在父母面前，也仿佛每句话都掷地有声。一种从没有过的独立感、尊严感油然而生。我在坐、立、行之间，清晰地感悟到了自己的存在。此后的日子，我知道自己该做什么了。尊严，要靠实力。""新学年开始，师生们写在脸上的庄严和亲切感染了我。要允许别人以'貌'取人，因为在初次见面开口之前，你只能靠仪表展示自己。这也许正是礼仪教育的真谛。"

【简析】小丽的亲身感受道出了年轻人的心声：礼仪教育绝对不可小视。

【感悟】结合上述实例和生活实际，说明中职学生应该如何遵守个人礼仪。

（五）店员的仪表仪态

某体育用品公司的经理想要考察一下其公司的体育用品在市场上的销售情况，于是在未通知任何人的情况下，来到了一家分店。她看到的情景让自己大失所望：只见店里灯火通明，却没有一位顾客，里面的几位店员靠在柜台前面大声地聊着天，还不时爆发出一阵阵大笑，有两位店员的工服上还有两片大大的污渍。她不禁皱起眉头，心里想着要取消和这家分店的合作。

【简析】体育用品公司的经理看见加盟店的店员不注重自身礼仪，心中产生了取消和这家店合作的想法。

【感悟】请你给这家店的店员提出改进个人礼仪的原因和做法。

（六）拜访

张林是市外办的一名干事，有一次，领导让他负责与来本市参观访问的某国代表团进行联络。为了表示对对方的敬意，张林决定专程前去对方下榻的饭店拜访对方。

为了避免出现得仓促，他先用电话与对方约好了见面时间，并告之自己将停留的时间长度。随后，他对自己的仪容、仪表进行了修饰，并准备了一些本市的风光明信片作为礼物。

届时，张林如约而至，进门后，他主动向对方问好并与对方握手为礼，随后做了简要的自我介绍，并双手递上自己的名片与礼品。简单寒暄后，他便直奔主题，表明自己的来意，详谈完后便握手告辞。

【简析】交往礼仪的基本要求是：平等互尊、诚实守信、团结友爱、互利互助。但是由于人际交往的广泛性和多样性，不同的场合有不同的交往礼仪要求。

【感悟】该实例体现了交往礼仪的什么要求？

（七）你对父母说过"谢谢"吗？

王梅大学毕业后到一家独资企业应聘，面试经理问：

"你在家里对你的父母说过'谢谢'吗？"

王梅回答："没有"。

面试经理说："你今天回去跟你的父母说声'谢谢'，明天你就可以来上班了。否则，你就别再来了。"

王梅回到了家，父亲正在厨房做饭，她悄悄走进自己的房间，面对着镜子反复练习："爸爸，您辛苦了，谢谢您！"

其实，王梅早就想对父亲说这句话了，因为她看到了父亲是多么不容易：自己两岁时母亲去世，父亲为了不让她受委屈，没有再娶，小心翼翼地呵护自己长大成人。心里一直想说"谢谢"，但就是张不开嘴。此时王梅暗下决心：今天是个机会，必须说出来！就在此时，父亲喊道："小梅，吃饭啦！"

王梅坐在饭桌前低着头，脸憋得通红，半天才轻声地说出："爸爸，您辛苦了，谢谢您。"

王梅说完之后，爸爸没有反应，屋内一片寂静。王梅纳闷，偷偷抬眼一看：她的父亲泪流满面！这是欣喜之泪，这是慰藉之泪，这是这句话所带给他的感动之泪。此时，王梅才意识到：自己这句话说得太迟了。

第二天，王梅高高兴兴上班去了。经理看到王梅轻松的神情，知道她已经体会了该体会的东西，没有问就把她引到了工作岗位上。

【简析】家庭美德的核心就是尊老爱幼，家庭礼仪就是表达一个人家庭美德的窗口。

【感悟】你对父母说过"谢谢"吗？

四、知识检测训练

（一）单项选择题（下列各题的 4 个选项中，只有 1 项是符合题意的）

1. 不同的人对自我的评价各有不同。有的人很自信，有的人很自卑。造成这种不同评价标准的主要原因是（　　）。

  A．不同人的先天条件不同

  B．不同人的受教育程度不同

  C．不同人的家庭教育不同

  D．不同人对自我的认识和接受程度有所差异

2．当人们的某些长处受到他人肯定时，心情往往会十分舒畅，这是因为（　　）。

　　A．赢得了他人的看法和好评

　　B．自尊心受到肯定，得到了满足

　　C．他人的评价总是肯定的

　　D．虚荣心得到了满足

3．"不学礼，无以立"说明的道理是（　　）。

　　A．礼仪对于做人的重要性　　　　B．不学礼仪就没办法站立

　　C．不学礼仪就没有立足的根本　　D．不学礼仪就无法立足

4．"天生我材必有用。"这句话启示我们要（　　）。

　　A．有充分的自信　　　　　　　　B．目空一切，自以为是

　　C．不必相信别人　　　　　　　　D．有高度的自尊

5．（　　）是个人的道德、思想、灵魂、行为、态度及社会责任等的具体统一，通常也指个人的道德品质。

　　A．自尊　　　　　　　　　　　　B．自信

　　C．人格　　　　　　　　　　　　D．品德

6．正式交往场合，我们的仪容仪表应给人以（　　）的感觉。

　　A．认真、严肃、拘谨　　　　　　B．端庄、大方、美观

　　C．随意、整齐、干净　　　　　　D．漂亮、美观、时髦

7．人与人的个性不同，生活的环境与阅历不同，往往形成不同的处事风格。对于同学对你无关紧要的议论和批评，应采取的正确态度是（　　）。

　　A．让他们议论去吧，照样我行我素

　　B．冷静分析，有则改之，无则加勉

C. 不惜一切代价维护自己的尊严

D. 以牙还牙，予以回击，捍卫自尊

8. 古人对人体姿态有形象的概括："站如松，坐如钟，行如风，卧如弓。"这说明我们的先人很早就对人的（　　）行为作了要求。

A. 谈吐   B. 礼貌

C. 举止   D. 卫生

9. 个人礼仪主要表现在一个人的（　　）等方面。

A. 仪容仪表、言谈举止、待人接物

B. 仪容仪表整洁端庄

C. 面部表情、待人接物

D. 卫生习惯、面部表情

10. 古人云："君子敬而无失，与人恭而有礼，四海之内皆兄弟也。"由此可见，交往礼仪有助于（　　）。

A. 调节人际关系   B. 提升国民素质

C. 塑造良好形象   D. 促进精神文明建设

11. 作为交谈一方的听众，下面哪句话你最容易接受？（　　）

A. 你听懂没有？   B. 你懂了吗？

C. 我说清楚了吗？   D. 你听明白没有？

12. 校园生活中，符合文明礼仪的行为是（　　）。

A. 上课迟到了，从后门悄悄地进入教室

B. 食堂用餐后，回来的路上边走边和同学打闹

C. 宿舍内随便翻阅同学的衣物、书籍

D. 进老师办公室，喊报告或轻声敲门，经允许后再进入

13. 在公众场合中，符合礼仪规范的行为是（　　）。

　　A．着裙装的女士入座时应双手按住裙子，待整理好后方可就座

　　B．就座时跷起"二郎腿"，并不停抖动

　　C．当众化妆或补妆

　　D．男女之间搂搂抱抱，亲密无间

14. 我国素有"礼仪之邦"之称，中国人也以彬彬有礼的风貌而闻名于世。自古以来流传至今的尊老爱幼、父慈子孝、礼尚往来等礼仪反映了劳动人民的精神风貌，代表了劳动人民的道德水平和气质修养。以上说法表明（　　）。

　　A．注重礼仪是实现自身完美的需要

　　B．注重礼仪是继承中华传统礼仪的需要

　　C．注重礼仪是适应现代信息社会的需要

　　D．注重礼仪是实现和谐社会的必然需要

15. 以下说法正确的是（　　）。

　　A．礼仪是个人的事情，没有所谓的对错之分

　　B．得罪了别人，一句"对不起"根本不起什么作用

　　C．个人行为不仅是自身素质修养的表现，也是个人魅力的展现

　　D．现在社会讲究实力，要想有好的发展只要有实力就足够了，没有必要讲究个人礼仪

（二）多项选择题（下列各题的 4 个选项中，至少有 2 项是符合题意的）

1. 在与人交往中，不恰当的举止有（　　）。

　　A．边嚼口香糖边说话　　　　　　B．跷着二郎腿

　　C．以食指点指对方　　　　　　　D．谦和有礼

2. 莎士比亚说："玫瑰是美的……更美的是它的香味。"这说明内在美比外在美更重要，下列属于美化自己内在形象的有（   ）。

  A．养成勤、实、严、精的习惯，掌握过硬的本领

  B．培养良好心理品质和道德情操

  C．谈吐高雅，打扮得体

  D．树立远大理想和崇高志向

3. 培养健康的人格应从（   ）等方面入手。

  A．培养坚强的意志和顽强的毅力

  B．培养谦虚谨慎、沉着稳重、凡事三思而后行的品质和习惯

  C．培养广泛的兴趣爱好，使自己生活充实、知识丰富、视野开阔

  D．培养爱祖国、爱集体、爱劳动、爱科学的精神

4. 在给别人造成不便时，我们经常说的文明用语有（   ）。

  A．非常抱歉   B．请原谅

  C．没关系   D．对不起

5. 下列符合中职学生基本礼仪要求的是（   ）。

  A．仪容仪表高贵华丽   B．尊重他人

  C．说话文明   D．举止有礼

6. 下列说法中，能体现个人礼仪重要性的是（   ）。

  A．不学礼，无以立

  B．恶人相远离，善者近相知

  C．行为心表，言为心声

  D．爱人者，人恒爱之；敬人者，人恒敬之

7. 遵守个人礼仪有助于（   ）。

    A. 增进人际交往，和谐人际关系   B. 塑造良好个人形象

    C. 克服人际交往中的一切矛盾   D. 促进社会和谐

8. 交往礼仪的基本内容包括（   ）。

    A. 家庭礼仪   B. 公共场所礼仪

    C. 校园礼仪   D. 网络礼仪

9. 下列不属于交往礼仪的基本要求的是（   ）。

    A. 诚实守信   B. 见义勇为

    C. 尊老爱幼   D. 互利互助

10. 在社会交往中，涉及下列哪些话题应当忌谈？（   ）

    A. 令人反感的话题   B. 个人隐私的话题

    C. 非议他人的话题   D. 令人愉快的话题

11. 在有客人来访，与客人交谈时需注意（   ）。

    A. 不要在客人面前与家人争执

    B. 不要边说话边做事

    C. 不要谈自己的工作

    D. 不要只谈自己感兴趣的话题

12. 下列说法中，符合"语言规范"具体要求的是（   ）。

    A. 用尊称，不用忌语

    B. 不乱幽默，以免客人误解

    C. 多说俏皮话

    D. 语速要快，节省客人时间

13．注重礼仪是实现和谐社会的必然需要。要建立和谐有序的社会，人们需要（　　）。

    A．互助互爱　　　　　　　　　B．相互宽容

    C．团结合作　　　　　　　　　D．彼此尊重

14．社会主义精神文明建设，是社会主义现代化事业不可缺少的重要内容，是需要全体社会成员参与的宏伟的系统工程。其根本任务之一是要培养一代（　　）的社会主义新人，发扬良好的社会风气。

    A．有理想、有道德　　　　　　B．讲文明、懂礼貌

    C．能吃苦　　　　　　　　　　D．守纪律

15．（　　）是自觉培养良好交往礼仪习惯的重要表现。

    A．礼尚往来，不拘小节　　　　B．平等待人，尊重他人

    C．仪容整洁，品行端正　　　　D．增强意志力，提高自控力

（三）简答题

1．为什么要认识自己？认识自己有哪几种方法？

2．什么是交往礼仪？其基本要求是什么？

3．如何在实践中践行交往礼仪规范？

（四）分析题

一次某公司招聘文秘人员，由于待遇优厚，应聘者很多。中文系毕业的小张前往面试，她的背景材料可能是最棒的：大学四年，在各类刊物上发表了 3 万字的作品，内容有小说、诗歌、散文、书评、政论等，还为 6 家公司策划过周年庆典，英语口语表达也极为流利，书法也堪称佳作。小张五官端正，身材高挑、匀称。面试时，招聘者拿着她的材料等她进来。小张穿着迷你裙，露出藕段似的大腿，上身是露脐装，涂着鲜红的唇膏，轻盈地走到一位考官面前，不请自坐，随后跷起了二郎腿，笑眯眯地等着问话。孰料，三位招聘者互相交换了一下眼色，主考官说："张小姐，请回去等通知吧。"她喜形于色："好！"挎起小包便出了门。

请结合材料回答问题：小张能等到录用通知吗？为什么？

（五）实践题

1. 认识你自己

认识自己

最大的优点	
最大的缺点	
最喜欢的格言	
最敬佩的人	
最推崇的性格	
最自豪的事情	
最向往的事情	
最讨厌的事情	
最要好的朋友	
用一句话描述自己	

2. 仪态训练

（1）站姿训练

最有效的方法是顶书训练。把书本放在头顶中心，为使书本不掉下去，头、身体自然会保持平衡，否则书本将滑落下来。这种训练方法可以纠正低头、仰脸、头歪、头晃及左顾右盼的毛病。

站姿训练每次应控制在 20 至 30 分钟，训练时最好配上轻松愉快的音乐，用以调整心境，既可以防止训练的单调性，又可以减轻疲劳感。

（2）坐姿训练

按坐姿基本要领，着重脚、腿、腹、胸、头、手部位的训练，可以配舒缓、优美的音乐，以减轻疲劳，每天一次，每次 10 分钟左右。

（3）行姿训练

行姿的规范要求是：上身挺直，头正目平，收腹立腰，摆臂自然，步态优美，步伐稳健，动作协调，走成直线。

可以在地面上画一条直线，行走时双脚内侧踩在线上。若稍稍碰到这条线，即可证明走路时两只脚几乎是在一条直线上。训练时配上行进音乐，音乐节奏为每分钟 60 拍。

第二节　职业礼仪

一、知识结构归纳

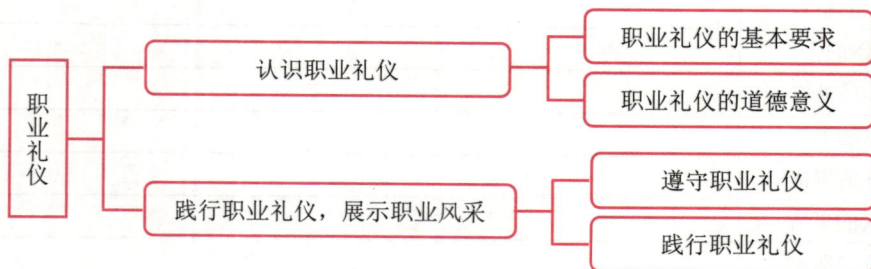

```
                              ┌─── 职业礼仪的基本要求
              ┌─ 认识职业礼仪 ──┤
  职          │               └─── 职业礼仪的道德意义
  业 ─────────┤
  礼          │                        ┌─── 遵守职业礼仪
  仪          └─ 践行职业礼仪，展示职业风采 ─┤
                                       └─── 践行职业礼仪
```

二、学习指南

（一）自主学习

1. 职业礼仪的基本要求是什么？
2. 职业礼仪蕴含着怎样的道德意义？
3. 遵守职业礼仪有哪些作用？

（二）名师导学

1. 主要观点概述

职业礼仪的基本要求包括：爱岗敬业、诚实守信、尽职尽责、优质服务、语言文明、仪态端庄。

职业礼仪的运用不但体现了自身素质的高低，也折射出其所在工作单位的文化水平和管理水准。职业礼仪不仅是对从业者工作态度的要求，也是对从业者人格的要求。

要理解职业礼仪的道德意义，可以从以下几方面入手：

➢ 职业礼仪作为一种职业行为规范，可以引导人们加强道德修养。

➢ 职业礼仪作为职业道德的外在表现形式，体现了从业者的责任和态度，可以展现人们的道德水平。

➢ 职业礼仪作为实践性很强的道德规范，可以保证职业道德的实施。

践行职业礼仪有助于提高个人道德修养、完善个人职业形象，从而充分展示职业风采。践行职业礼仪，能够增加个人自信。践行职业礼仪，能够提高工作热情。

2. 重点问题说明

职业礼仪的作用：职业礼仪是在职者自我推销的工具，是其进入社会从事交际活动的"通行证"。有礼仪修养的在职者，能给人以有教养、有能力、有风度的感觉，更容易得到大家的尊敬和欢迎，并能获得更多的理解、帮助和支持。另外，遵守职业礼仪还有助于树立单位形象。

三、生活感悟

（一）把自己当成一名旅客

"把自己当成一名旅客"是某国际机场航站楼旅客服务中心几名员工的工作座右铭，为方便旅客便捷享受航站楼内的服务设施，他们经常会亲身实地去感受一番。行李手推车是旅客使用频率较高的工具，为方便旅客使用，他们多次去航站楼内外"踩点"，感受旅客的需要，用心记下在哪儿用车的旅客比较多，在哪儿放置、怎样放置手推车能更方便旅客提取使用，每个地点放置多少辆车比较合适。他们说，别看这些工作琐碎，可细节决定成败，航站楼的服务工作也代表着机场的形象和服务水平。

【简析】上述事例体现了职业礼仪的基本要求：爱岗敬业、诚实守信、尽职尽责、优质服务、语言文明、仪态端庄。

【感悟】你觉得遵守职业礼仪有什么重要作用？

（二）让顾客满意

一天，某商场男装裤子区来了一位老大爷，营业员小夏热情地接待了他。当得知大爷想看一看裤子的时候，小夏便拿来了凳子，先让大爷坐下，然后又将适合大爷的裤子一一拿到大爷面前，让大爷挑选，并帮助大爷一一试穿。刚开始，大爷只是笑着试穿，并没有表示要购买，但是小夏自始至终都保持微笑，耐心、详细地回答大爷的每一个问题。在试过十几条裤子后，大爷问："姑娘，我穿得这么破旧，身上又很脏，你却还是这么热情地对我，你就不怕我买不起吗？"小夏听后，笑着对大爷说："我不怕，只要是来商场的顾客，我都会一样地对待，因为，让顾客满意，是我们最大的心愿，您买不买都没关系的！"大爷听后，满意地点点头，并起身指着两条刚刚试过的200多元的裤子说："姑娘，这两条裤子我买了，帮我开票吧！我去过很多地方，但只有你们的服务最让我满意，你非但没有因为我的穿着破旧而瞧不起我，还对我像家人一样，让我心里很温暖，以后，我买东西一定还来这里，一定还找你!"

【简析】上述事例同样体现了职业礼仪的基本要求。

【感悟】看了上面的事例,你有什么感受?

（三）细节决定成败

北京某医疗器械制造厂是国内最大的输液管生产商。这次,为了签下一笔来自美国的大额订单,该制造厂的李厂长趁美国客户到中国出差时,真诚邀请其前来实地考察。

按照约定时间,李厂长亲自陪同客户到车间参观。车间井然有序,一尘不染,工人们一丝不苟地工作着。突然,李厂长感觉嗓子不舒服,不由得咳了一声。随后,客户只见他急急忙忙地跑出车间,把咳出来的一口痰用纸包住扔到了废物收集箱内。之后,他大步走进车间,连忙向客户道歉:"非常不好意思,刚才失陪了一下,请原谅。"此时,客户向他点点头,便走出了车间。李厂长以为自己的短暂离开耽误了客户的时间,并为此连连自责。

第二天,客户寄来一封信,上面写着:"尊敬的李厂长,一个厂长的卫生习惯可以充分反映一个工厂的管理素质。输液管是用来治病救人的,您昨天小小的举动赢得了我对贵厂产品质量的信赖。我方愿意和贵厂签下这笔订单。"

【简析】李厂长在工作中讲究卫生的好习惯,令美国客户大为赞赏,体现了他良好的职业修养。

【感悟】美国客户为什么欣赏李厂长的举止表现?这说明了一个什么问题?请你举例说明良好的职业修养应如何体现在工作的点滴之中。

四、知识检测训练

（一）单项选择题（下列各题的 4 个选项中，只有 1 项是符合题意的）

1.（　　）是在职者自我推销的工具，是其进入社会从事交际活动的"通行证"。

    A．个人礼仪　　　　　　　　B．交往礼仪

    C．职业礼仪　　　　　　　　D．社交礼仪

2．职场中最大的礼仪是（　　）。

    A．穿着符合职场要求　　　　B．言谈符合职场要求

    C．爱岗敬业　　　　　　　　D．待人诚恳

3．职业活动中，符合"仪态端庄"具体要求的是（　　）。

    A．鞋袜搭配合理　　　　　　B．着装华贵

    C．发型突出个性　　　　　　D．饰品俏丽

4．营业员在工作中难免会出现一些差错，比如拿错商品、找错钱等，当顾客指出后，错误的做法是（　　）。

    A．虚心接受　　　　　　　　B．强词夺理

    C．及时纠正　　　　　　　　D．赶紧道歉

5．在办公室工作，文明的待人接物的礼仪举止不包括（　　）。

    A．不必注意自己的办公桌整洁

    B．见到同事或来访者，要面带微笑

    C．早上到达时相互问候"早"，下班时相互道别

D．若有资料需要移交他人，一定要贴上小标签，写清时间、内容，并签名，不忘说"谢谢"

6．假如你是某公司的推销员，在向客户推销某类产品时，你认为采取下列哪种方法比较适当？（　　　）

A．实事求是地介绍产品情况

B．实事求是地介绍产品优点

C．与其他同类产品相比较，实事求是地说明本公司产品的优点

D．为了推销成功，不主动说明产品存在的不足之处，客户问到时再说

7．假如你是某私营企业的一位新员工，你所具备的知识水平和业务能力比某些老员工要高得多，而且工作也比他们干得多，但你的工资却比他们少。这种情况下，你会采取下列哪种做法？（　　　）

A．直接向公司经理提出加薪要求，达到要求后继续努力工作

B．不过分在乎眼下的个人利益，相信只要勤奋工作，加薪是迟早的事情

C．如果不能实现加薪要求，就和公司解除劳动合同，承担相应的解约责任

D．如果不能实现加薪要求，在劳动合同有效期内，拿一份工资做一份事，没有必要做得更多

（二）多项选择题（下列各题的 4 个选项中，至少有 2 项是符合题意的）

1．服务人员在与客人讲话时，应该（　　　）。

A．语音柔和

B．使用否定短语拒绝客人的要求

C．语调适度

D．用商量询问的语气

2. 面试时，在服饰方面应该注意（　　　）。

    A．饰品要高调闪亮，体现品味

    B．注意面部清洁，头发要梳理整齐

    C．应着正装，切忌穿着随意

    D．皮鞋样式要简单，不宜穿着凉鞋

3. 在双休日或节假日购物高峰，顾客很多时，营业员应按照什么顺序接待服务（　　　）。

    A．外宾优先

    B．看穿着外貌将顾客分为尊卑贵贱区别对待

    C．按先来后到，依次接待

    D．老人、孕妇、残障人士优先

4. 小丽是一家服装店的导购员，她待人彬彬有礼，服务周到，给新老顾客留下了深刻的印象。久而久之，这家服装店也因"服务至上"而在当地走红。小丽的工作得到店长和其他员工的一致好评，并成为大家工作中的榜样。在小丽的带领下，大家在工作中干得越来越有劲。以上事例体现了（　　　）。

    A．遵守职业礼仪有助于树立单位形象

    B．遵守职业礼仪有助于得到顾客的认可

    C．践行职业礼仪有助于提高工作热情

    D．践行职业礼仪有助于规范从业人员的言谈举止

5. 在下列行为中，（　　　）符合职业礼仪的规范。

    A．导购员热情讲解店内的新款产品

    B．超市收银员拒绝现金支付

    C．产品顾问耐心解答顾客的疑问

    D．售货员在称重时从不短斤缺两

（三）简答题

1. 什么是职业礼仪？其基本要求有哪些？

2. 职业礼仪的道德意义是什么？

3. 良好的职业礼仪，对我们的工作有哪些影响？

（四）分析题

　　小刘去某公司面试应聘，应聘的每一关都顺利通过了，他的自我感觉也很好，但最后却没被录取。后来当小刘了解到没被录取的原因，竟是因为自己在面试时随地吐了一口痰的缘故时，后悔不已。

　　被某公司录取的小尹，在给上司的一篇报告中写道："请你妄加评判。"这倒使他的上司感到为难：又是"请"，又是"妄加"的，如何是好。不久，小尹被上司"请"出了公司。

　　请结合上述事例，说明遵守职业礼仪的重要性，并谈谈应如何遵守职业礼仪。

（五）实践题

过两天，刘萍要参加一次重要的面试。请你为她出谋划策，她需要注意哪些面试礼仪？

第二章 知荣辱 有道德

第一节 道 德

一、知识结构归纳

```
              ┌─ 道德及其特征 ─┬─ 道德的起源
              │              └─ 道德的基本特征
              │
              ├─ 公民基本道德规范
              │
              │              ┌─ 文明礼貌
              │              ├─ 助人为乐
              ├─ 社会公德 ────┼─ 爱护公物
              │              ├─ 保护环境
  道德 ───────┤              └─ 遵纪守法
              │
              │              ┌─ 尊老爱幼
              │              ├─ 男女平等
              ├─ 家庭美德 ────┼─ 夫妻和睦
              │              ├─ 勤俭持家
              │              └─ 邻里团结
              │
              └─ 培养良好道德品质 ─┬─ 道德的主要功能
                                 └─ 加强个人品德修养
```

二、学习指南

（一）自主学习

1．道德是如何产生的？

2．道德有哪些基本特征？

3．我国公民应当遵守的基本道德规范是什么？

4．什么是社会公德？主要包括哪些内容？

5．什么是家庭美德？主要包括哪些内容？

6．道德的主要功能有哪些？

7．个人品德具有哪些特点？

8．提高个人品德具有哪些意义？

9．什么是道德修养？如何加强道德修养？

（二）名师导学

1．主要观点概述

道德是指做人的规矩与根本原则。道德由一定的社会经济关系决定，以善恶标准评价，依靠人们内心信念、社会舆论和传统习惯来维系。

道德不同于法律、纪律、宗教等其他社会规范，它有自己独有的特征，主要表现在广泛的社会性、特殊的规范性、鲜明的阶级性、影响的传承性等方面。

2001年中共中央印发的《公民道德建设实施纲要》提出了我国公民应当遵守的基本道德规范，即为人们概括的"五句话、二十个字"：爱国守法、明礼诚信、团结友善、勤俭自强、敬业奉献。

社会公德是公民在社会公共生活领域所必须履行和遵守的道德规范的总和，是维持社会公共生活正常、有序、健康进行的最基本条件。

社会公德主要包括：文明礼貌、助人为乐、爱护公物、保护环境、遵纪守法。

家庭美德是公民在家庭生活中应该遵循的行为准则，是调节家庭内部成员，以及和家庭密切相关的人员间的行为规范。

家庭美德的内容主要有尊老爱幼、男女平等、夫妻和睦、勤俭持家和邻里团结。

道德的功能主要有调节功能、平衡功能、认识功能、教育功能和导向功能。

个人品德具有综合性和稳定性两大特点。其综合性体现为：它不是零碎的个人生活片段，而是个人的道德认识、道德信念、道德情感、道德意志、道德行为的综合体现。其稳定性体现为：它不是临时的、短暂的道德现象，一经形成，就会长时间影响人的思想和行为。

提高个人品德的意义主要体现在两个方面。首先，提高个人品德是个人实现自我完善的有效途径。其次，个人品德能对社会道德的发展变革产生推动作用。

提高个人品德首先要加强个人道德修养的自觉性。加强道德修养，要采取一些行之有效的方法。其一，学思并重的方法；其二，慎独自律的方法；其三，积善成德的方法；其四，省察克制的方法；其五，知行统一的方法。

2．重点问题说明

（1）公民的基本道德规范包括：爱国守法、明礼诚信、团结友善、勤俭自强、敬业奉献。学生要明确我国的公民基本道德规范是对全体公民提出的、具有普遍意义的道德要求，具有广泛的适用性。因此，中职学生要树立知行统一的道德观，努力践行公民基本道德规范。

（2）社会公德主要包括：文明礼貌、助人为乐、爱护公物、保护环境、遵纪守法。学生要理解遵守社会公德的重要性：首先，社会公德具有维护公众利益和公共秩序、保持社会稳定的作用，是社会文明程度的重要标志；其次，社会公德是个人形象、个人修养的具体表现。要树立公德意识，认同"遵守公德、人人有责"的观念。

（3）加强个人品德修养，要做到以下几点：① 要理解个人品德建设在公民道德建设中的重要地位；② 要理解个人品德建设对个人发展的重要意义；③ 要增强个人品德修养的自觉性和主动性，积极参加社会实践和职业实践，自觉加强个人品德修养。

（4）理解道德的作用，感受道德的力量：要理解良好道德在处理个人与个人，个人与社会之间的关系的重要作用；感受道德的调节功能、平衡功能、认识功能、教育功能和导向功能。

3．难点问题解析

家庭美德建设的内容主要有尊老爱幼、男女平等、夫妻和睦、勤俭持家和邻里团结。要理解家庭美德在维系家庭关系、增进骨肉亲情、促进家庭幸福与社会和谐等方面的重要意义；家庭美德的培养离不开家庭亲情的滋养，要珍惜家庭亲情，要学会沟通与交流，妥善处理各种家庭关系。

三、生活感悟

（一）共享单车真"方便"

近年来，共享单车在我国各大城市流行起来，给人们的短途出行带来了极大的方便。然而，有些人为了一己之便，不惜破坏单车的二维码，甚至破坏车锁并用私人锁链将其锁住，据为己有。他们的行为给他人的出行造成了极大不便。

【简析】破坏共享单车二维码和车锁的行为是破坏公物和扰乱公共秩序的具体体现，该类行为反映出破坏者淡薄的社会公德意识。

【感悟】你觉得加强社会公德教育的必要性大吗？

（二）谁说久病床头无孝子

60多岁的谭为起是高密市阚家镇谭家营三村的一位再普通不过的农家汉子，他的孝心感动了谭家营的每个人。

谭为起的母亲曾遭受太多不幸：幼年丧父、中年丧偶，出生不到两岁的女儿也夭折了。在最艰难的时刻，她独自一个人带着刚满月的儿子——谭为起挣扎着生存，一手把他抚养长大。本该幸福的晚年，可由于年老体衰加之食管囊肿，无法正常饮食，导致她无力下床，生活不能自理。谭为起是母亲的唯一子女，母亲的每一声呻吟都牵动着他的心。

谭为起心细如发，体贴备至，每天早早起床为母亲梳头、洗脸、亲手调制流食给母亲灌饮。为了不烫着母亲，每次喂食前他都亲自试一试饭菜的温度；为了消除母亲身上的瘀肿，他亲自为母亲按摩，一次就是几个小时；为了防止母亲因久躺而导致后背脱皮，他坚持定期为母亲翻身，并垫上通风透气的布垫。由于母亲性格要强，不愿在炕上大小便，他每次都抱着母亲下炕大小便，每天要重复这样的动作二三十次，尤其是在夜里每两三个小时他就起来看看母亲要不要大小便，每次外出、下地干活时也是如此。现在母亲病情加重，他四处求医，只要有一线希望再难也愿一试，只要有一点线索再远也要一问。他以超出常人的耐心、细心、精心，陪伴母亲走过了一千多个日日夜夜。

他常跟人说："我娘早年失子丧夫，遭受了人生最大的痛苦，老了遭罪我不能不管。人们都说'久病床头无孝子'，但只要我活着，我就要让娘少受一天罪。我要照顾我娘一辈子，孝敬她一辈子！"。

【简析】尊敬老人、孝敬父母既是社会主义道德的基本要求，又是子女应尽的义务。谭为起用自身行动弘扬了中华民族的传统美德，在赡养老人方面起到了表率作用。谭为起的孝心故事表明，儿女无微不至的侍奉是老人最大的幸福和慰藉。

【感悟】你认为我们应如何孝敬父母？

（三）六尺巷

清代中期，有个"六尺巷"的故事。据说当朝宰相张英与一位姓叶的侍郎都是安徽桐城人。两家比邻而居，都要起房造屋，为争地皮，发生了争执。张老夫人便修书北京，要张英出面干预。这位宰相到底见识不凡，看罢来信，立即作诗劝导老夫人："千里家书只为墙，让他三尺又何妨？万里长城今犹在，不见当年秦始皇。"张母见书明理，立即把墙主动退后三尺。叶家见此情景，深感惭愧，也马上把墙让后三尺。这样，张、叶两家的院墙之间，就形成了六尺宽的巷道，成了有名的"六尺巷"。

【简析】邻里关系十分重要，邻里之间是否团结、和气，既影响着家庭生活的质量，也影响着社区的和谐与安宁。

【感悟】邻里之间要和睦相处，需要注意哪些问题？

（四）尺有所短，寸有所长

清朝时期，姑苏城内有两位名医，一位叫薛雪，另一位叫叶桂。他们住在同一条街上，彼此志趣相投，互相学习，经常在一起切磋医术，彼此受益很多。

一天，有个更夫患病，请薛雪诊治。薛雪切过脉后对更夫说："你的病已无药可救，还是早点回家吧！"更夫听了极度痛苦失望，在回家的路上便昏倒在地。叶桂刚好路过，急忙将更夫唤醒，询问缘故。他了解到更夫夜晚守更用蚊香驱蚊，断定他是受蚊香的毒气熏染致病，于是对病下药，更夫仅服了两剂，病即痊愈。从此，他逢人便夸叶桂医道高明。薛雪知道这件事后感到大失体面，心生嫉妒，便提笔挥就了"扫叶庄"3个大字，挂在自己宅门前。叶桂得知，十分气恼，也愤然书写了"踏雪斋"3个字，高高悬在自己书房的门楣上。

事后，薛雪觉得自己不该挑起对立情绪，暗自后悔。几年以后，叶桂的母亲病重，叶桂用自己的药方多次治疗都不见效。薛雪听说后主动派弟弟到叶桂家，提出治疗方案供参考。叶桂听了，恍然大悟，依方施药，果然奏效。叶桂十分感激，主动卸下"踏雪斋"的横匾，并到薛家登门拜谢。薛雪也取下了横匾"扫叶庄"。

从此，两位名医常常在一起研究医学，取长补短。后来，叶桂写成了《瘟热论治》，薛雪著有《瘟热条辨》，共同为中医的瘟病学说做出了贡献。

【简析】薛、叶二人互相轻视、彼此封闭，结果双方的医道和生意都受到影响；后来，互相尊敬、互相学习，结果两人的医术都得到提高。

【感悟】良好的道德对促进个人事业发展有什么重要作用？

四、知识检测训练

（一）单项选择题（下列各题的 4 个选项中，只有 1 项是符合题意的）

1. （　　）由一定的社会经济关系决定，以善恶标准评价，依靠人们内心信念、社会舆论和传统习惯来维系。

　　A．法律　　　　B．道德　　　　C．规章制度　　　D．国家政策

2. 小明在十字路口闯红灯，被警察拦住。他的行为违背了公民基本道德规范的哪一条？（　　）

　　A．爱国守法　　B．明礼诚信　　C．团结友善　　　D．敬业奉献

3. （　　）要求公民无论在何种场合，从事什么样的活动，都应该注重举止文明，诚心待人。

　　A．爱国守法　　B．明礼诚信　　C．团结友善　　　D．敬业奉献

4. 李一凡是旅游（一）班的班长，她不仅是辅导员眼中的"小助手"，还是同学心中的"小老师"。在班级管理中，她心怀热忱，和蔼待人，在点滴中凝聚班级力量。在她的带领下，同学关系变得更为融洽，师生交流也变得更为通畅。李一凡的行为遵守了（　　）的基本道德规范。

　　A．爱国守法　　B．明礼诚信　　C．团结友善　　　D．敬业奉献

5. "淌自己的汗，吃自己的饭，自己的事情自己干。靠天靠地靠父母，不算是好汉。"这句话主要体现了公民基本道德规范的哪一条？（　　）

　　A．爱国守法　　B．明礼诚信　　C．勤俭自强　　　D．敬业奉献

6. 公民在社会公共生活领域所必须履行和遵守的道德规范是（   ）。

    A. 个人品德   B. 家庭美德   C. 社会公德   D. 职业道德

7. 公民在乘车、登机、坐船时，应主动购票，自觉排队；在图书馆、影剧院等公共场所，不喧哗吵闹；游览、购物、提款时应按先后顺序，不插队。这体现了社会公德中的（   ）。

    A. 文明礼貌   B. 助人为乐   C. 爱护公物   D. 遵纪守法

8. 道德的（   ）主要表现为它可以培养人良好的道德意识、道德品质和道德行为，使人树立正确的义务、荣誉、正义和幸福等观念。

    A. 调节功能   B. 认识功能   C. 教育功能   D. 导向功能

9. 某中职学校开展活动，全员育人，全程育人，全面育人，把德育工作当作学生终生发展的奠基性工程。该学校的做法表明（   ）。

    A. 良好道德有助于促进人生发展和事业成功

    B. 道德不良的人必将一事无成

    C. 道德能促进生产力的发展

    D. 道德能促进社会和谐

10. 某地坚持两个"文明"一起抓，一手抓精神文明建设，不断提高人民群众的思想道德素质和科学文化素质；一手抓物质文明建设，大力发展社会主义生产力。关于道德与生产力的关系，正确的说法是（   ）。

    A. 道德决定生产力

    B. 道德促进生产力发展

    C. 道德也是一种生产力

    D. 高尚道德有助于发展先进生产力

（二）多项选择题（下列各题的 4 个选项中，至少有 2 项是符合题意的）

1. 根据性质不同，道德可分为（　　）。
   A．基本道德　　B．社会道德　　C．家庭美德　　D．职业道德

2. 下列各选项中，对于道德的理解，正确的有（　　）。
   A．道德依靠人们的内心信念、社会舆论和传统习惯来维系
   B．道德由一定的社会经济关系决定
   C．道德是调整人与人及人与社会之间的原则和规范的总和
   D．道德是人根据自己的生存发展需要，自己为自己立法的产物

3. 饭店浪费现象严重，很多菜只动几筷子就倒进了泔水桶。此事被媒体曝光后引起了广泛的关注和讨论。现在，人们已经习惯于打包带走。这说明，道德是依靠（　　）来维系的。
   A．内心信念　　B．法律法规　　C．社会舆论　　D．传统习惯

4. 在人际交往中要做到文明礼貌，我们需要（　　）。
   A．衣着整洁　　B．举止文雅　　C．语言文明　　D．守时守约

5. 萍萍用勤工俭学的钱买了一套衣服送给过生日的奶奶做生日礼物。这体现了家庭美德的哪些要求？（　　）
   A．尊老爱幼　　B．男女平等　　C．勤俭持家　　D．邻里团结

6. 某旅游景点上，一个 20 岁左右的小伙子骑到伟人雕像的脖子上照相，当周围有人指责他时，他不仅没有意识到自己的错误，还破口大骂。这个小伙子的做法反映出他在（　　）方面出了问题。
   A．社会公德　　B．家庭美德　　C．个人品德　　D．职业道德

7. 下列行为中,（　　）没有遵守社会公共生活准则。

   A. 传播垃圾电子邮件、手机短信

   B. 看演出时,边吃东西边说话

   C. 乘公交车时,前挤后拥

   D. 行人随意穿行马路

8. 个人品德并不是与生俱来的,而是个人在社会实践中逐渐形成的一种特殊品性,具有（　　）等特点。

   A. 综合性　　　B. 整体性　　　C. 稳定性　　　D. 社会性

9. 从个人发展的层面上看,良好道德有助于（　　）。

   A. 塑造正面的道德形象　　　B. 促进事业发展

   C. 建立和谐的人际关系　　　D. 激发人的工作潜能

10. 戏曲、音乐、舞蹈、美术、小说、诗歌、散文等各类文艺作品的创作,要热情讴歌人民群众的开拓进取精神和良好道德风貌。要在各种文艺评论、评介、评奖中,把是否合乎社会主义道德作为一条重要标准,这说明（　　）。

   A. 道德能够促进生产力发展

   B. 道德能够影响其他意识形态的存在和发展

   C. 道德能够维护相应的经济基础

   D. 高尚道德有利于发展先进文化

（三）简答题

1. 简述道德的基本特征。

2．公民基本道德规范的内容有哪些？

3．什么是社会公德？主要包括哪些内容？

4．简述道德的主要功能。

（四）分析题

1．售票大厅里，大家有秩序地排队买票。这时，一名男子气喘吁吁地跑过来，径直挤到售票窗口。队伍一下子骚乱起来，后面的一个劲儿往前挤，队伍乱了套。

（1）请你评论一下这名男子的行为。

（2）结合此事，说明在公共场所和公共生活中为什么要遵守社会公德。

2．近年来，看直播、打游戏已成为现代人消遣娱乐的常见形式。最近，小涛痴迷于网络直播和电脑游戏，导致其学习每况愈下，父母怎么劝都不听。父亲一气之下将他暴打一顿，并砸毁了电脑。小涛负气出走，至今杳无音讯。母亲思儿成疾。

（1）请你就此事谈谈自己的看法。

（2）如果你碰巧见到小涛，你会对他说什么？

（3）如果你见到小涛的父母，你会对他们说什么？

3．那天，阳光灿烂，大连市公共汽车联营公司 702 路 422 号双层巴士司机黄志全，行车途中突然心脏病发作，在生命的最后一分钟里，他做了三件事：

——把车缓缓停在路边，用最后的力气提起手动车闸。

——把车门打开，请乘客安全下车。

——将发动机熄火，确保车辆与乘客的安全。

做完这三件事，他趴在方向盘上停止了呼吸。

（1）请你就此事谈谈道德对个人发展的作用。

（2）看完上述事例，谈谈为什么说加强个人品德修养是人生的必修课。

（五）实践题

1．"文明礼貌"是社会公德的基本要求，它既有语言层面的要求，也有仪表和行为方面的要求。

（1）下面是一些常用的文明礼貌用语：

① 初次见面说：您好　　　　　② 客人到来说：欢迎

③ 求人解答用：请教　　　　　④ 赞人见解用：高见

下面这些场合，你知道该说什么吗？

⑤ 表示歉意说：＿＿＿＿＿＿　⑥ 麻烦别人说：＿＿＿＿＿＿

⑦ 与人分手说：＿＿＿＿＿＿　⑧ 表示答谢说：＿＿＿＿＿＿

⑨ 表示礼让说：＿＿＿＿＿＿　⑩ 征求意见说：＿＿＿＿＿＿

（2）请谈一谈文明礼貌在仪表方面有什么具体要求。

（3）请谈一谈文明礼貌在行为方面有什么具体要求。

2．良好道德有助于促进人生发展，不良道德会妨碍我们的健康成长。

认真反思一下，在自己身上，良好的道德观念和不良道德因素各有哪些？请写下来。

第二节　职业道德

一、知识结构归纳

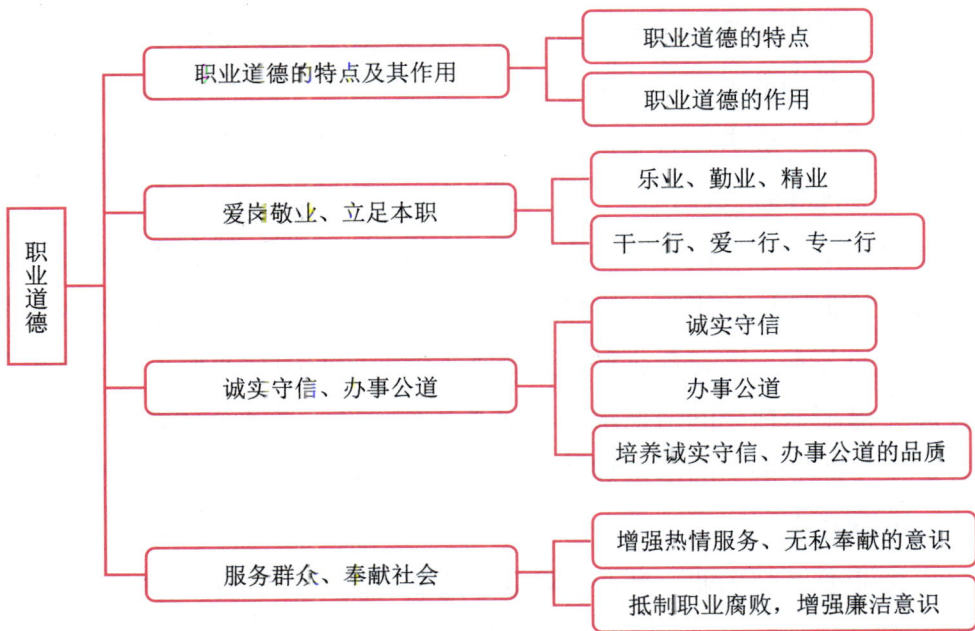

```
                                          ┌─ 职业道德的特点
                    ┌─ 职业道德的特点及其作用 ─┤
                    │                     └─ 职业道德的作用
                    │
                    │                     ┌─ 乐业、勤业、精业
                    ├─ 爱岗敬业、立足本职 ──┤
                    │                     └─ 干一行、爱一行、专一行
        职业道德 ────┤
                    │                     ┌─ 诚实守信
                    │                     │
                    ├─ 诚实守信、办事公道 ──┼─ 办事公道
                    │                     │
                    │                     └─ 培养诚实守信、办事公道的品质
                    │
                    │                     ┌─ 增强热情服务、无私奉献的意识
                    └─ 服务群众、奉献社会 ──┤
                                          └─ 抵制职业腐败，增强廉洁意识
```

二、学习指南

（一）自主学习

1．职业道德具有哪些特点？

2．职业道德具有哪些作用？

3．如何做到爱岗敬业？

4．如何培养诚实守信、办事公道的品质？

5．如何增强热情服务、无私奉献的意识？

6．职业腐败有哪些危害？

（二）名师导学

1．主要观点概述

职业道德是指从事一定职业的人在职业活动中应该遵循的具有职业特征的道德要求和行为准则。

职业道德同一般道德有着密切的联系，同时又有其自身的特点：行业性、实用性、广泛性和时代性。

职业道德是社会道德体系的重要组成部分，它一方面具有一般社会道德的作用，另一方面又具有其自身的特殊作用：调节从业人员内部及从业人员与服务对象之间的关系；提高企业和行业信誉，塑造企业和行业形象，促进企业和行业发展；提高全社会的道德水平，促进社会主义和谐社会建设。

社会主义职业道德的基本规范包括：爱岗敬业、诚实守信、办事公道、服务群众、奉献社会。

爱岗敬业要做到乐业、勤业、精业，还要有干一行、爱一行、专一行的工作态度。

诚实，就是忠诚正直、言行一致、表里如一。守信，就是信守诺言、讲信誉、重信用，忠实履行自己的职责。

办事公道，就是在职业活动中要做到公平公正、不谋私利、不徇私情、不假公济私。

所谓服务群众，就是在职业活动中一切以群众利益为出发点，时刻为群众着想，急群众之所急，忧群众之所忧。奉献社会，就是在自己的工作岗位上树立奉献社会的职业精神，努力多为社会做贡献，为社会利益不惜牺牲个人利益。

要增强热情服务、无私奉献的意识，就要认识到：职业的本质就是为人民服务，为国家、为社会做贡献；职业有分工不同，但没有高低贵贱之分。

2. 重点问题说明

职业道德的作用：① 调节从业人员内部及从业人员与服务对象之间的关系；② 提高企业和行业信誉，塑造企业和行业形象，促进企业和行业发展；③ 对整个社会来说，职业道德有助于提高全社会的道德水平，促进社会主义和谐社会建设。

3. 难点问题解析

职业道德的特点：① 行业性，行业性是职业道德的最显著特征，不同的行业有不同的职业道德；② 实用性，职业道德是根据职业活动的具体要求，以条例、章程、守则、制度等形式对人们在职业活动中的行为作出的规定，这些规定具有很强的针对性和可操作性，明确允许做什么、不允许做什么及允许怎样做、不允许怎样做；③ 广泛性，只要有职业活动，就能体现一定的职业道德，可以说职业道德是职业活动的直接产物，职业道德渗透在职业活动的各个领域；④ 时代性，职业道德规范是人类在长期的职业活动中总结、提炼出来的，虽然不同时代的职业道德有许多相同的内容，但是随着职业活动内涵的变化也在不断地发展。

三、生活感悟

（一）一流质量、一流服务，获一流信誉

2019 年 8 月，一位日本客商到奥康集团实地参观后，对公司的硬件设施非常满意，但出于第一次合作的谨慎，他所订的业务量并不大，并强调一定要按期完成生

产任务。

当奥康如期完成生产任务，正准备装货海运到日本时，不巧碰上了台风，等台风过后，离交货期只有两天了，海运已无法如期将货物送到日本客商手中。

本来按照合同，这是出于客观原因而无法按时交货，奥康集团可以不负责任。但考虑到若迟到几天可能会给对方造成损失，奥康决定把货物空运到日本。海运改为空运，奥康的运输成本无疑会大大增加，但是本着诚实守信、认真负责的态度，货物被如期空运到了日本。

日本客商后来知道这个"小插曲"后，非常感激奥康集团这种诚信负责的做法。投之以桃，报之以李。这位日本客商把接下来的几笔大业务都放心地交给了奥康，从此双方建立了长期稳定的合作关系。由于有了良好的声誉，到目前为止，日本已成为奥康集团在国外市场的最大客户。

【简析】职业道德有助于塑造企业和行业形象，提高企业和行业信誉，促进企业和行业发展。

【感悟】请你结合材料，谈谈职业道德与企业信誉和企业发展的关系。

（二）质量是企业的生命

某地打火机市场异常火爆，供不应求。不少厂家为提高产量，获得订单，加班加点生产，忽略了打火机的质量。章厂长没有这么做，他认为打火机的质量不好会出大问题。因此他宁可产量少，也要严把质量关。但是由于产量低，订单少，仅半年时间，周厂长就赔进了前两年的利润。

到了下半年，打火机的质量问题显现出来，吃够劣质产品苦头的外国商人开始将目光盯住产品质量过硬的章厂长。章厂长的订单一下子多起来，他的打火机厂每天只有五千多只的生产能力，却能够接到10倍以上的订单。该地打火机厂家，在市场竞争中优胜劣汰，倒闭了9成。

【简析】质量是企业的生命，只有把好质量关，才能保证企业在激烈的竞争中立于不败之地。

【感悟】请你结合材料，谈谈职业道德怎样对企业发展起到作用。

（三）热爱你的工作

李强毕业后的五六年几乎每年都要换一份工作：先是在办公室做行政管理；一年后看到保健品红火，就应聘到一家医药公司当推销员；没多久有个同学拉他去一家营销策划公司，待遇不错，他干了一年；后来遇到一个同学开了一家小公司正需要帮手，他就毫不犹豫地加盟了同学的公司。可没到半年，公司生意惨淡，他只好去了一家保险公司。可如今保险业务也不好做。现在他又到一家小公司当市场部经理。就这样，李强频繁跳槽，至今一事无成。

【简析】决定事业成败和成就大小的最重要因素是爱岗敬业。

【感悟】请你结合爱岗敬业的意义，找出李强至今一事无成的原因。你工作后会怎么做？

（四）小梁的烦恼

小梁是某中职学校的学生，他在学校附近的小超市买了一个面包，包装上的生产日期印得模糊不清，售货员很肯定地说没过保质期，并极力推荐。小梁买回去，吃完之后出现腹泻，随即找超市讨说法，要求赔偿。可是，超市负责人看小梁是个学生，连哄带骗加吓唬，几句话就把小梁打发走了。小梁非常郁闷，决定再也不到这家超市买东西了。

【简析】办事公道要求从业者在职业活动中做到公平、公正。

【感悟】超市的这种做法将会对超市带来什么影响？

（五）一切为了患者

2019年1月，在禽流感袭来时，许多医护人员和科研人员纷纷投入到救治病人、探求病因的战斗中。某呼吸疾病研究所所长主动提出将当地危重病人集中到自己单位，为了让患者早日康复，古稀之年的他不顾个人安危，每天亲自查房。许多医生护士都说："既然选择了这个职业，就没什么可说的。"他们为什么会有如此的勇气和热情？

【简析】职业的本质就是为人民服务，为社会、为国家做贡献。

【感悟】请把你对培养和增强服务奉献意识的感悟写在下面。

四、知识检测训练

（一）单项选择题（下列各题的 4 个选项中，只有 1 项是符合题意的）

1. 下列关于职业道德的说法中，正确的是（　　）。

    A. 职业道德从一个侧面反映人的整体道德素质

    B. 职业道德的提高与个人利益无关

C．职业道德的养成只能靠教化

D．职业道德与学生无关

2．医生的职业道德是"救死扶伤，治病救人"，教师的职业道德是"关爱学生，为人师表"，律师的职业道德是"恪尽职守、严格自律"，这说明职业道德具有（　　）。

A．广泛性　　　B．时代性　　　C．实用性　　　D．行业性

3．职业道德总是通过公约、条例、章程、守则、制度等形式呈现，具有很强的针对性和可操作性，这说明职业道德具有（　　）。

A．广泛性　　　B．时代性　　　C．实用性　　　D．行业性

4．以下关于爱岗敬业的说法中，正确的是（　　）。

A．要做到爱岗敬业，就要一辈子在一个岗位上无私奉献

B．市场经济鼓励人才流动，再提倡爱岗敬业已不合适

C．即便在市场经济时代，也要提倡"干一行、爱一行、专一行"

D．现实中，我们不得不承认，"爱岗敬业"的观念阻碍了人们的择业自由

5．"一口清""一抓准""一刀准""活地图""问不倒"体现的职业道德是（　　）。

A．爱岗敬业　　B．诚实守信　　C．办事公道　　D．奉献社会

6．乐业、勤业、精业是职业道德的基本要求，三者相辅相成，相得益彰。其中，（　　）是爱岗敬业的体现，是一种优秀的工作态度。

A．乐业　　　B．勤业　　　C．敬业　　　D．精业

7. 以下关于诚实守信的说法，正确的是（　　）。

A. 诚实守信在当今社会已经过时

B. 诚实守信对企业不利对社会有利

C. 诚实守信在市场经济体制下容易失去经济利益

D. 诚实守信既是做人的准则，又是对从业人员的道德要求

8. 李某曾在一家超市工作，因以貌取人、慢待顾客而遭投诉被解聘。后来，他到一所学校餐厅负责盛饭，又因照顾老乡、掌勺盛菜不均，而遭举报被学校辞退。李某被多次辞退的主要原因是（　　）。

A. 李某的工作热情不高

B. 李某的工作行为违背了办事公道的原则

C. 李某的工作动机不正

D. 李某做事不认真

9. 某顾客在商场挑选商品时，花了很长时间，仍然犹豫不决。这时售货员可能有以下几种说法，你认为最符合"服务群众"这一职业道德要求的是（　　）。

A. 需要帮忙吗？　　　　B. 选好了吗？那边还有很多顾客等着呢！

C. 选好了没有？　　　　D. 所有商品的质量都是一样的

（二）多项选择题（下列各题的 4 个选项中，至少有 2 项是符合题意的）

1. 以下关于从业人员与职业道德关系的说法中，你认为正确的有（　　）。

A. 是否遵守职业道德，应该视具体情况而定

B. 知识和技能是第一位的，职业道德则是第二位的

C. 每个从业人员都应该以德为先，做有职业道德的人

D. 每个从业人员都应该遵守职业道德，不论职位高低

2．自创办三百多年以来，北京同仁堂一直遵循"炮制虽繁必不敢省人工，品味虽贵必不敢减物力"的传统古训，树立"修合无人见，存心有天知"的自律意识，从而确保了同仁堂金字招牌的长盛不衰。这说明遵守职业道德可以（　　）。

    A．调节企业和行业内部人员的行为

    B．提高企业和行业信誉

    C．塑造企业和行业形象

    D．改善企业和行业内部人员的工作态度

3．以下属于我国公民职业道德基本规范的有（　　）。

    A．爱岗敬业   B．爱国守法

    C．文明礼貌   D．办事公道

4．面对着越来越多的择业机会，以下说法中，你认为可取的是（　　）。

    A．多转行，多学习知识，多锻炼

    B．树立干一行、爱一行、专一行的观念

    C．可以转行，但不可盲目，否则不利于成长

    D．干一行就要干到底，否则就是缺少职业道德

5．以下做法中，违背办事公道原则的有（　　）。

    A．火车站在售票厅特设学生购票窗口

    B．某商场员工只对老客户、大客户热情接待

    C．无论何时何地男职工和女职工必须干一样的工作

    D．公共汽车上，售票员根据乘客年龄大小提供不同的服务

6．以下做法中，违背诚实守信要求的有（　　）。

    A．保守企业秘密

    B．根据服务对象来决定是否遵守承诺

C．派人打进竞争对手内部，增强竞争优势

D．凡有利于企业利益的行为，不管是否有利于顾客都要做

7．服务忌语是服务行业禁止使用的。下列言语中，属于服务忌语的
有（　　　）。

A．不买看什么！　　　　　B．我解决不了，愿找谁找谁去！

C．到后面等着去！　　　　D．有意见，找经理去！

8．下列现象中，不属于职业腐败的有（　　　）。

A．律师私自收取代理费

B．法官坚决不接受当事人的宴请

C．税务稽查人员对关系户的违规行为也绝不姑息

D．婚姻登记管理人员要求前来登记的人必须购买精美的包装盒，否
　　则不予登记

（三）简答题

1．简述职业道德的特点。

2．简述职业道德的作用。

3．简要谈谈你对爱岗敬业的认识。

4．如何培养诚实守信、办事公道的品质？

（四）分析题

1．能源巨人安然公司曾是世界 500 强企业中的第 16 名，每年的营业收入高达 1 000 亿美元。但安然公司的董事和财务总监通过在财务报表上作假，隐瞒债务，哄抬股票价格从中牟利，导致公司失去了大众的信任，并最终倒闭。

巴林银行新加坡分行，一名 28 岁的期货交易员在 3 年时间里利用自己高超的技术进行不正当交易，让这家有二百多年历史的银行倒闭。最后，巴林银行只得以 1 英镑的象征性价格将自己出售。

（1）安然公司和巴林银行的教训是深刻的，是什么让这两家著名的公司毁于一旦？

（2）职业道德对企业发展有何重要意义？

2．小张是一名外卖派送员，一年后他开始厌倦这份单调乏味的工作，打算辞职。后来，老板建议他换一种方式——用"心"去工作，尝试着与订餐者分享快乐。于是，他在纸条上写上笑话和祝福语，并把这些纸条贴在餐盒上。订餐者在吃饭时看到这些纸条，内心感到十分高兴，并由衷地对他表示感谢，而他自己也从中感受到了工作的乐趣。

（1）有人说："做自己喜欢的事"；也有人说："喜欢自己做的事"。请谈谈自己对乐业的理解。

（2）怎样才能做到乐业？

3. 在陕西洛川，旅游途中一场突如其来的车祸，让原本充满欢声笑语的车厢顿时陷入了极度的恐慌之中。旅游大巴车被撞得严重变形，车辆的座位立即全部向前挤去！导游文花枝被压在座位最前方。车内血肉模糊，乱作一团。危急时刻，车厢里传来文花枝"挺住！加油！"的鼓励声。这个声音虽然微弱，却透着一股沉稳、坚定，像黑暗中的一线光束，让受伤、受惊的游客从死亡的噩梦里看到生的希望。事后许多亲历者都说，正是这个很有穿透力的声音，给了大家支撑下去的勇气。

其实，在这起6人死亡、14人重伤、8人轻伤的重大交通事故中，文花枝是伤得最重的一个，但重伤的她一直牢记着自己的神圣职责。当施救人员一次次向她走过来，她总是吃力地摇摇头说：我是导游，我没事，请先救游客！在长达两个多小时的救援时间里，她多次昏迷，但只要一醒过来，就不停地为大家鼓劲、加油。文花枝是最后一个被救出来的。她左腿9处骨折，右腿大腿骨折，髋骨3处骨折，右胸第4、5、6、7根肋骨骨折。由于延误了宝贵的救治时间，医生不得不为文花枝做了左腿截肢手术。

（1）从职业道德角度分析文花枝的行为。

（2）文花枝的行为对你有什么启发？

（五）实践题

1. 学校的许多岗位看似平凡，实则非常重要；老师们一天到晚，忙忙碌碌，为了学生整天牵肠挂肚。利用一天的时间到学校各个部门做义工，给老师当一天助手，看看老师们在忙什么；体会老师们是如何身体力行"爱岗敬业"这一职业道德基本规范的。

活动结束，以《看得见的"敬业"》为题，写一篇演讲稿。

2．在奉献中发现人生的价值。办一期以"我服务　我奉献　我快乐"为主题的板报，收集同学平常服务的经历，体会奉献的快乐。

第三节　养成良好的职业行为习惯

一、知识结构归纳

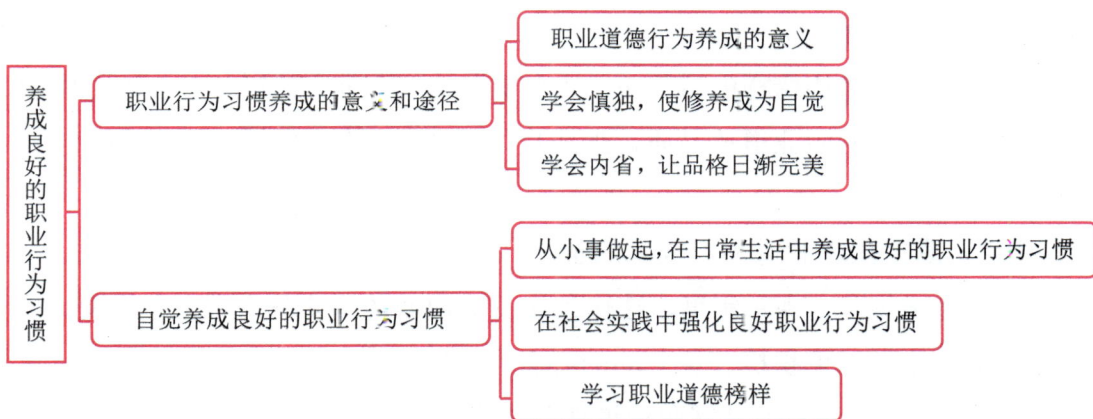

养成良好的职业行为习惯
- 职业行为习惯养成的意义和途径
  - 职业道德行为养成的意义
  - 学会慎独，使修养成为自觉
  - 学会内省，让品格日渐完美
- 自觉养成良好的职业行为习惯
  - 从小事做起，在日常生活中养成良好的职业行为习惯
  - 在社会实践中强化良好职业行为习惯
  - 学习职业道德榜样

二、学习指南

（一）自主学习

1．职业道德行为的养成对我们有什么重要意义？

2．道德修养的两条方法是什么？

3．为什么涵养职业道德品质要从小事做起？

4．如何在实践中养成良好的职业行为习惯？

5. 为什么要学习道德榜样？

（二）名师导学

1. 主要观点概述

内省，就是通过内心省察，发现自己思想和言行中不符合道德标准的东西。

要有效运用内省，首先需要确立道德评价标准，将道德评价标准作为内省的参照，也就是自我评价的尺度或标准。

良好道德行为的养成是一个循序渐进、长期积累的过程。中职生想要养成良好的职业行为习惯，首先要从身边的小事做起，严格遵守行为规范，"勿以恶小而为之，勿以善小而不为"。

社会实践是良好职业道德行为养成的根本途径。没有社会实践，从业人员既无法深刻领会职业道德的内涵，又无法将职业道德品质和专业技能转化为实际行动。

中职生要在道德榜样的感召下，从小事做起，从细节做起，坚持实践训练，逐步培养出优秀的职业道德品质，形成良好的职业道德和职业行为习惯。

2. 重点问题说明

（1）慎独在职业道德养成中的意义：慎独作为一种自我修养的方法，它把外在的道德规范、规章制度、法律条文变成内心的坚定信念，把他律变为自律，能让从业者以更积极、更主动的心态遵守职业道德规范。

（2）社会实践对于良好职业道德行为养成的意义：社会实践是良好职业道德行为养成的根本途径。没有社会实践，从业人员既无法深刻领会职业道德的内涵，又无法将职业道德品质和专业技能转化为实际行动。中职学生要努力参加社会实践，强化良好的职业行为习惯。

3. 难点问题解析

运用内省的方法：① 首先需要确立道德评价标准，将道德评价标准作为内省的参照，也就是自我评价的尺度或标准。中职学生既要严格按照学生守则和日常行为规范以及学校各项规章制度去做，又要把职业道德基本规范和行业道德规范作为自己言行得失的评价标准；② 内省不是单纯的心理活动，还必须和岗位实践相结合，内省活动必须指向自己所从事的岗位实践活动，内省中发现的问题也必须在日常生活和岗位实践中加以解决。

三、生活感悟

（一）慎独

汪先生到小区附近一家连锁药店买一种品牌降压药。该药每盒 52 元，四盒共 208 元。由于当时停电，无法使用电子收款机打印发票，营业员只好把一张手写的收据交给汪先生。

晚饭后，药店经理让营业员找到汪先生，送来了正式发票，还有 8 元钱。营业员解释说："今天中午 12 点总店统一调价，每盒降压药降价 2 元。您在我店买药时，因为停电，电子收款机无法连接到总店药品价格数据库，所以还是按每盒 52 元收的款。很抱歉，现在我把您的发票和 8 元钱退给您，请您核对一下……"

【简析】该药店在汪先生并不知道调价的情况下，主动把 8 元钱退回，体现了他们重视职业道德的养成，已经达到了慎独的境界。

【感悟】请你结合材料，说明慎独在职业道德养成中的重要意义。

（二）20 分钟的冷静反思，胜过一堆豪言壮语

童杰从走进公司的第一天起，就牢牢记着老师的那句话："每天多做一点点，便是成功的开始；每天改进一点点，便是卓越的开始。"他养成了一个习惯，每天晚上都要问自己三个问题：（1）今天我多做了什么？（2）今天我改进了什么？（3）明天还有什么可改进的？

十九年后，他成了公司研发部的首席工程师。当人们问到他成功的秘诀时，他轻松一笑："每天 20 分钟的冷静反思，胜过一堆豪言壮语。"

【简析】其实做一个完美的人很简单，每天认真地反省一下就行了；其实要做一个成功的人也很简单，坚持不懈地去做就行了。

【感悟】通过上面的事例，你受到了什么启发？

四、知识检测训练

（一）单项选择题（下列各题的 4 个选项中，只有 1 项是符合题意的）

1. 小辉在校期间就严格按照职业道德规范去做，工作后，严格遵守公司各项规章制度，工作扎扎实实，业务日益纯熟，业绩连年创优，很快就成为业务骨干，2 年后被提升为车间副主任。小辉的事例说明（ ）。

    A．职业道德行为的养成可为日后形成良好的职业行为习惯奠定基础

    B．职业道德行为的养成可以提升科学文化素质

    C．职业道德行为的养成可以激发更大的工作热情

    D．职业道德行为的养成可以丰富职业经验

2. 章师傅有个习惯：每天坚持写工作日记，认真总结自己一天的得失，有错必改。由于人品好，工作好，连续十年被评为公司的劳动模范。章师傅的做法属于道德修养中的（ ）方法。

    A．认真   B．敬业

    C．内省   D．慎独

3. 在没有外界监督的情况下，即使独自一人也能自觉遵守道德规范，不做对国家、对社会、对他人不道德的事情，我们将这种境界称之为（　　）。

    A．认真　　　　　　　　　　B．敬业

    C．内省　　　　　　　　　　D．慎独

4. 职业道德养成的根本途径是（　　）。

    A．文化学习　　　　　　　　B．自觉修养

    C．社会实践　　　　　　　　D．善于认识自己

5. 上班迟到，工作时间接打私人电话，把工料随手乱放，下班前没有整理好自己的工位，等等。你如何看待这些现象？（　　）

    A．这些都是小事，没必要小题大做

    B．违反劳动纪律，但与职业道德无关

    C．既不违纪，也不违法，但职业道德水平不高

    D．小事中蕴含着职业道德，加强职业道德修养要从小事做起

6. 道德修养是（　　）。

    A．一种自我改造、自我陶冶、自我解剖的活动

    B．封建统治阶级提倡的一种个人改造

    C．提高为人民服务的能力

    D．与生俱来的一种能力

（二）多项选择题（下列各题的 4 个选项中，至少有 2 项是符合题意的）

1. 下列关于职业道德行为养成的意义，正确的有（　　）。

    A．有助于提高职业人的综合素质

B．有助于培养职业人良好的职业观念、职业作风和职业行为习惯

C．有助于提高全社会的道德水平，促进和谐社会建设

D．有助于职业人以更好的心态、更大的热情投入工作

2．对待工作岗位，以下观点中不正确的有（　　　）。

　　A．敬业就是不能得陇望蜀，不能选择其他岗位

　　B．树挪死，人挪活，要通过不断变动岗位来挣钱

　　C．虽然自己并不喜欢目前的岗位，但不能不专心努力

　　D．企业遇到困难或降低薪水时，没有必要再讲爱岗敬业

3．售货员小丽下班时在柜台旁边捡到一个钱包，第二天就马上交给了领导。她的做法属于（　　　）。

　　A．慎独　　　　　　　　　　B．助人为乐

　　C．拾金不昧　　　　　　　　D．为人诚实

4．下列有关慎独的说法，正确的有（　　　）。

　　A．慎独是一种重要的道德修养方法

　　B．慎独是一种崇高的精神境界

　　C．慎独可促使从业者以更为主动的心态来遵守职业道德规范

　　D．慎独有利于弘扬诚信风尚，提高社会道德水平

5．人们要想有效运用内省，需要做到（　　　）。

　　A．确立道德评价标准

　　B．自觉遵守职业道德规范

　　C．立足于日常生活实践和岗位实践，着力于坚持不懈

　　D．严于解剖自己，全面客观地看待自己，善于培养健康的道德情感

6. 某专卖店坚持每周进行一次总结提高会，全面总结本周的工作，认真反省各方面的得失。从职业道德修养的角度看，内省的意义在于它是（　　）。

　　A．正确认识自己的重要途径

　　B．自我调节和控制的有效方法

　　C．取得别人赏识的重要方法

　　D．自我提升和完善的内在动力

7. 古人说的"吾日三省吾身"是指（　　）。

　　A．体验生活，经常进行自省

　　B．通过自我观察、分析和体验，对自己形成一个较为真切的认识

　　C．经常进行省察检讨，使自己的行为符合职业道德规范

　　D．自觉遵守社会公德

8. 实践是职业道德修养的根本途径。中职学生职业实践的主要途径有（　　）。

　　A．在家做家务

　　B．在校学习期间：专业实习、技能训练

　　C．到企业顶岗实习

　　D．毕业后走上工作岗位

（三）简答题

简述职业道德养成的途径和方法。

（四）分析题

小丽认为："人们良好的道德品质是从大事情和关键时刻体现出来的，所以不必拘泥于平常小事。"

小林认为："人们的良好道德是通过接受道德教育和不断加强自我修养实现的，有了良好的道德，即使什么也不做都没问题。"

（1）你同意他们的观点吗？

（2）请你就这两个问题谈谈自己的看法。

（五）实践题

榜样就在我们身边，请找出自己身边的道德榜样，说一说他们身上有哪些优点值得我们学习。

第三章　弘扬法治精神　树立公民意识

第一节　维护宪法权威，树立公民意识

一、知识结构归纳

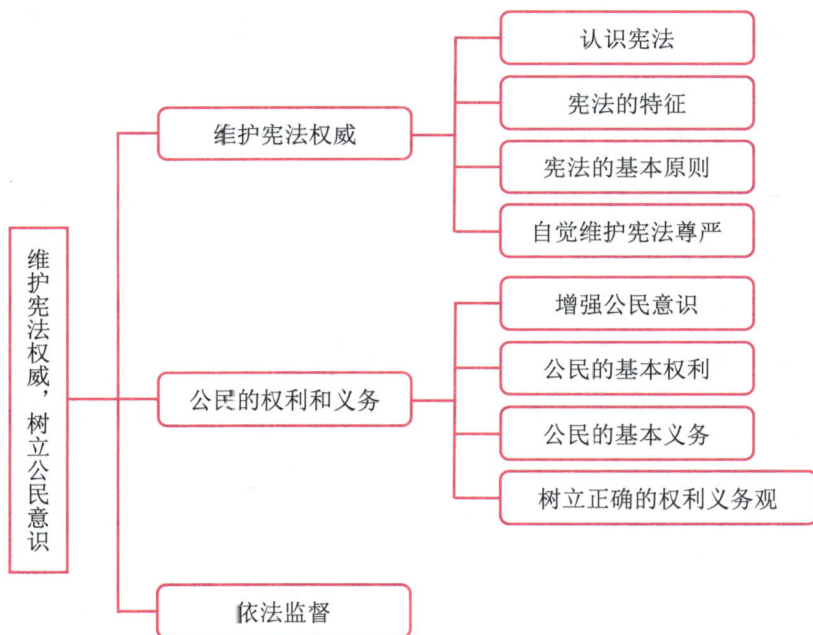

```
                                          ┌─── 认识宪法
                         ┌─ 维护宪法权威 ──┼─── 宪法的特征
                         │                ├─── 宪法的基本原则
                         │                └─── 自觉维护宪法尊严
维护宪法权威，           │
树立公民意识 ────────────┤                ┌─── 增强公民意识
                         ├─ 公民的权利和义务┼─── 公民的基本权利
                         │                ├─── 公民的基本义务
                         │                └─── 树立正确的权利义务观
                         │
                         └─ 依法监督
```

二、学习指南

（一）自主学习

1. 为什么说宪法是国家的根本大法？

2. 我国宪法的特征和基本原则是什么？

3. 我们在日常生活中要如何来维护宪法的尊严？

4．公民意识包括哪些内容？

5．我国公民享有的基本权利包括哪些内容？

6．我国宪法规定的公民基本义务包括哪些方面？

7．如何理解公民的权利和义务统一原则？

8．公民在依法行使权利时，为什么要坚持"个人利益和国家、集体利益相结合"的原则？

（二）名师导学

1．主要观点概述

宪法是国家的根本大法，是有关国家权力及其民主运行规则、国家基本政策，以及公民基本权利与义务的法律规范的总称。宪法规定的根本问题包括：国家性质、根本制度、根本任务、经济制度、公民的基本权利和义务等。

宪法与普通法律一样，都是由国家强制力保证实施的行为规范。与普通法律相比，它也有自己的特征。

> 从内容上看，宪法规定的是国家生活中的全局性问题，而普通法律只是规定国家生活中某一方面的具体问题。

> 从效力看，宪法具有最高的法律效力。所有的法律都是根据宪法制定的，都要受到宪法的制约。

> 从制定和修改程序看，宪法的制定和修改程序比普通法律更为严格。

我国宪法的基本原则包括人民主权原则、基本人权原则、权力制约原则和法治原则。

"公民"是一个法律概念，是指具有一国国籍，并根据该国宪法和法律规定享有权利和承担义务的自然人。

公民意识主要包括参与意识、监督意识、责任意识和规则意识。

公民基本权利是指公民依照宪法享有的人身、政治、经济、文化等方面的基本权益。

根据我国宪法，公民享有平等权、政治权利和自由、宗教信仰自由、人身自由权、监督权和取得赔偿权、社会经济权利，以及教育、科学、文化权利和自由。

公民的基本义务是指依照宪法公民应当履行的最主要、最基本的责任。我国《宪法》规定公民的基本义务有：维护国家统一和全国各民族团结，遵守宪法和法律，维护祖国安全、荣誉和利益，保卫祖国，抵抗侵略，依法服兵役和参加民兵组织，依法纳税。

中职学生要树立正确的权利义务观，依法行使公民权利，自觉履行公民义务。

2．重点问题说明

（1）依法治国的内涵：依法治国是一种治国思想体系、原则体系和制度体系的总称，包含丰富的内容。法是法治的标志，没有宪法，就没有法治。"法律至上"是法治国家的基本要求，但是没有"宪法至上"，就根本谈不上"法律至上"。

（2）公民在法律面前一律平等的原则包括：所有公民都平等地享有宪法和法律规定的各项权利，又都平等地履行宪法和法律规定的各项义务。国家机关在适用法律时，对于所有公民的保护或者惩罚都是平等的，不得因人而异；任何组织或者个人都不得有超越宪法和法律的特权。我国《宪法》第三十三条规定："中华人民共和国公民在法律面前一律平等。"

3．难点问题解析

（1）维护宪法尊严的意义：要维护宪法的尊严，就要真正理解宪法是国家的根本大法，是治国安邦的总章程，是保证国家统一、民族团结、经济发展、社会进步和长治久安的法律基础，是党执政兴国、带领全国人民建设中国特色社会主义国家的法制保证；是建设中国特色社会主义，建设富强、民主、文明、和谐社会主义现代化国家的根本法律保障，是社会主义新时期治国安邦的总章程；是公民行为的基本法律准则，是其他一切法律法规产生、存在、发展和变更的基础和前提条件，它在国家法律体系中处于核心地位，是国家法律制度的基石。

（2）公民权利和义务的统一性：在我国社会主义条件下，公民的权利与义务是统一的。一方面，权利与义务是不可分割的；另一方面，权利与义务是相辅相成的。公民在法律上既是权利的主体，又是义务的主体。权利的实现需要义务的履行，义务的履行确保权利的实现。根据权利与义务统一的原则，我国《宪法》第三十三条规定："任何公民享有宪法和法律规定的权利，同时必须履行宪法和法律规定的义务。"在我们社会主义国家，不存在只享有权利不履行义务的公民，也不存在只履行义务而不享有权利的公民，只有把认真行使公民权利和自觉履行公民义务结合起来，才是正确的态度。

三、生活感悟

（一）宪法与公民的生活息息相关

有人认为：宪法既然是国家的根本大法，所规定的都是涉及国家生活中带有全局性、根本性的大问题，那么宪法就与公民的实际生活比较远。然而，在现实社会生活中，我们会遇到很多问题，诸如：有些招工招聘简章中有关于性别、相貌、受教育程度等方面的限制条款；有些企业还存在着克扣、拖欠劳动者工资，随意让劳动者加班的现象。那么，宪法在保障公民的基本权利方面，与公民的政治、经济、文化和社会生活方面的关系到底是怎样的呢？

【简析】我国宪法从第三十三条到第五十六条，全面而详尽地规定了我国公民的基本权利和义务。

【感悟】请把你的感悟写在下面。

（二）国家的标志

为庆祝国庆节，市内各主要街道两边的商店门前都挂上了国旗。一天下午，有三个学生模样的男孩勾肩搭背地在街上闲逛，当他们走到一家商店门前的国旗下时，其中一个略胖些的男孩随手拉起国旗的一角，先是擦了擦额头，又要去擦鼻子。这一现象正好被正从商店走出的小刘和小张看见，小刘很有礼貌地上前劝阻道："这位同学，你怎么能用国旗擦脸呢，国旗是国家的标志，我们要爱护国旗啊！"不料那个男孩却满不在乎地说："什么国家的标志，不就是一块红布嘛，有啥可大惊小怪的。"说完，那三个男孩便嘻嘻哈哈地离开了。

【简析】我国宪法第一百四十一条规定，中华人民共和国国旗就是五星红旗。该男孩缺乏公民的国家意识，不懂得公民要爱护、尊敬国家标志——国旗的道理。

【感悟】我们该如何帮助那个男孩认识并改正错误？

（三）历尽艰辛，报效祖国

1949 年中华人民共和国的成立，使在美国待了近 20 年的钱学森异常兴奋。在新中国诞生的第 6 天，钱学森夫妇就萌生了回国的念头；但回国道路充满的曲折和艰辛是钱学森始料未及的。他在将行李交给美国搬运公司时，却遭到了美国移民局的刁难。他们对中国的这位爱国者进行恐吓，并把他关押进看守所。整整 5 年的时间，他几乎过着被软禁的生活，但重重磨难并没有泯灭钱学森夫妇返回祖国的坚强意志，他们收拾好箱子，随时准备搭乘飞机回国。

1955 年，饱受磨难归心似箭的钱学森向祖国发出了求救的呼声，中国政府出面通过谈判设法营救他回国。在这年 9 月，经过长达 5 年斗争的钱学森夫妇终于回到了祖国的怀抱。钱老回国后，艰苦奋斗几十年，为我国国防科学事业的发展做出了重大贡献。

【简析】在我国社会主义制度下，国家、集体利益和公民的个人利益在根本上是一致的。

【感悟】钱老身上所表现出的强烈的国家意识对我们有哪些启示？请把你的感悟写在下面。

四、知识检测训练

（一）单项选择题（下列各题的 4 个选项中，只有 1 项是符合题意的）

1. 宪法是（　　）。

    A．规定公民权利的法律   B．规定公民义务的法律

    C．治国安邦的总章程   D．规定普通法律怎样制定的法律

2. "法立而不行，与无法等。"这句话强调了（　　）。

    A．立法的重要性   B．学法的重要性

    C．守法的重要性   D．知法的重要性

3. "宪法具有最高的法律效力"是指（　　）。

    A．宪法可以代替普通法律

    B．普通法律与宪法相抵触则无效

    C．宪法制定和修改程序比普通法律更为严格

    D．宪法规定国家生活中带有全局性和根本性的问题

4. 中华人民共和国的最高权力属于全体（　　）。

    A．公民   B．人民

    C．劳动者   D．爱国者

5. （　　）是一切国家机关、社会组织和个人活动的根本准则，一切组织和个人均无超越其之上的特权。

    A．宪法   B．纪律

    C．法律   D．党的政策

6. 我国宪法的修改，须由全国人民代表大会常务委员会或者 1/5 以上的全国人民代表大会代表提议，并由全国人民代表大会以（　　　）通过。

  A．全体代表 1/2 以上多数

  B．全体代表 2/3 以上多数

  C．到会代表 1/2 以上多数

  D．到会代表 2/3 以上多数

7. 我国宪法规定的公民享有的政治权利和自由有（　　　）。

  A．人身自由   B．选举权和被选举权

  C．婚姻自由   D．宗教信仰自由

8. 我国宪法规定："任何公民，非经人民检察院批准或者决定或者人民法院决定，并由公安机关执行，不受逮捕。"这说明我国宪法保护公民的（　　　）。

  A．平等权   B．选举权和被选举权

  C．人身自由权   D．宗教信仰自由

9. 我国公民在行使宪法赋予的权利和履行公民义务时，要坚持（　　　）的原则。

  A．权利和义务完全对等 B．先享受权利，后履行义务

  C．先履行义务，后享受权利 D．公民权利和义务统一

（二）多项选择题（下列各题的 4 个选项中，至少有 2 项是符合题意的）

1. 我国宪法规定，公民的社会经济权利包括（　　　）。

  A．财产权   B．继承权

  C．劳动权   D．休息权

2. 下列关于宪法的表述，正确的是（　　）。

    A．宪法具有最高的法律效力

    B．宪法可以代替所有普通法律

    C．宪法是治国安邦的总章程

    D．宪法是"母法"，是法律的法律

3. 我国现行宪法作为国家的根本大法，既具有与一般法律相同的特征，又有与一般法律不同的特征。宪法的特征有（　　）。

    A．宪法具有最高的法律效力

    B．宪法的内容等同于一般法律

    C．任何法律、法规都不能与宪法相抵触

    D．宪法的制定和修改程序比普通法律更为严格

4. 我国宪法的基本原则包括（　　）。

    A．人民主权原则　　　　　　　B．基本人权原则

    C．权力制约原则　　　　　　　D．法治原则

5. 树立正确的公民意识，就要有（　　）。

    A．权利意识　　　　　　　　　B．法律意识

    C．权利与义务意识　　　　　　D．国家意识

6. 在我国，公民意识主要包括（　　）。

    A．参与意识　　　　　　　　　B．监督意识

    C．责任意识　　　　　　　　　D．规则意识

7. 我国公民必须履行的义务主要有（　　）。

    A．依法纳税　　　　　　　　　B．遵纪守法和尊重社会公德

    C．维护祖国安全、荣誉和利益　　D．维护国家统一和民族团结

8. 下列关于公民权利和义务的说法，正确的是（　　）。

　　A. 公民的权利与义务是不可分割的

　　B. 公民的权利是广泛的，不受限制的

　　C. 公民的权利与义务是相辅相成的

　　D. 权利的实现需要义务的履行，义务的履行确保权力的实现

（三）简答题

1. 简述宪法的特征。

2. 简述我国宪法规定的公民的基本权利。

（四）分析题

1. 2012 年 10 月 26 日　第十一届全国人民代表大会常务委员会第二十九次会议通过了修订的《中华人民共和国未成年人保护法》，该法第一条规定："为了保护未成年人的身心健康，保障未成年人的合法权益，促进未成年人在品德、智力、体质等方面全面发展，培养有理想、有道德、有文化、有纪律的社会主义建设者和接班人，根据宪法，制定本法。"

（1）请结合上面的话题，说明宪法与普通法律的关系。

（2）简要说明《未成年人保护法》对于未成年人健康成长的意义。

2．2018 年 12 月 20 日，某学校法律系大四女生姜某看到一家银行在本校招收职员的启示后，品学兼优但身高只有 1.58 米的她，发现《招聘启事》中有一项条件——"女性要求身高在 1.60 米以上"。她认为：该《招聘启事》中的这一规定侵犯了公民平等就业的权利。于是，她于 2019 年 1 月 17 日向某市基层人民法院递交行政诉状，要求维护自己的平等权。

（1）姜某的主张为什么能够得到法院的支持？

（2）结合上例，说明我国宪法在保障公民权利方面的作用。

3．某初级中学旁边的一家小商店经常销售假烟，还拆散零售给未成年人。该校有少数学生吸烟，他们所抽的香烟大多数是在这家商店购买的。

当有关部门查处时，这位经营者说："现在是市场经济，卖什么是我的自由。"

当购烟学生受到老师批评时，这些学生说："买烟吸烟是我个人的自由。"

请运用法律知识，对商店经营者和购烟学生的言行进行评析。

（五）实践题

"18 岁，从做文明公民开始"：计划并实施一件"能够真正感动父母和老师，使他们感到你已经真正长大成人了"的事情，让他们感到惊喜和欣慰。

可以先写出要办的事情的性质、内容、方法和步骤，然后详细记录做这件事情的过程和结果。

第二节　弘扬法治精神，建设法治国家

一、知识结构归纳

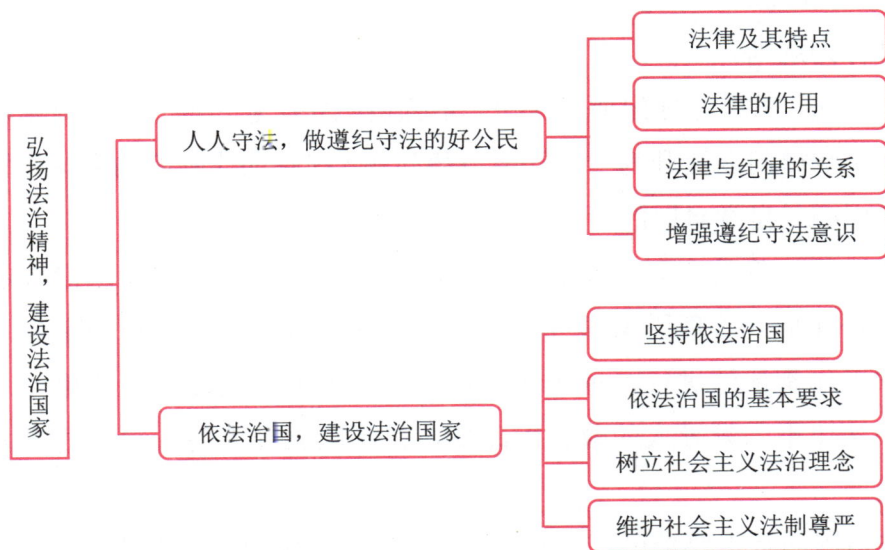

```
                                        ┌─ 法律及其特点
                     ┌─ 人人守法，做遵    ├─ 法律的作用
弘扬法治精神，        │  纪守法的好公民   ├─ 法律与纪律的关系
建设法治国家 ────────┤                   └─ 增强遵纪守法意识
                     │
                     │                   ┌─ 坚持依法治国
                     └─ 依法治国，建设    ├─ 依法治国的基本要求
                        法治国家          ├─ 树立社会主义法治理念
                                         └─ 维护社会主义法制尊严
```

二、学习指南

（一）自主学习

1．法律有哪些主要特征？

2．法律与纪律的差异性体现在哪些方面？

3．什么是依法治国？

4．依法治国的基本要求包括哪些内容？

5．维护社会主义法制尊严的基本要求有哪些？

（二）名师导学

1．主要观点概述

法律的作用可以分为规范作用和协调作用两个方面。首先，法律具有规范公民行为的作用；法律的协调作用，体现在它可以协调人与人之间的关系，解决人与人之间的纠纷或矛盾。

法律是由国家制定的，受国家强制力保证实施的，要求所有公民都必须遵守。而纪律是在一定社会条件下及一定范围内形成的，一种集体成员必须遵守的规章、条例的总和，是要求人们在集体生活中遵守秩序、执行命令和履行职责的一种行为规则。

遵纪守法，就是遵守纪律和法律。增强遵纪守法意识的目的，就是将遵纪守法从一个法律问题提升为一个社会道德问题，摆脱法律制度的束缚而转变为人们发自内心、自觉自愿的行为。

依法治国，就是广大人民群众在党的领导下，依照宪法和法律规定，通过各种途径和形式管理国家事务，管理经济文化事业，管理社会事务，保证国家各项工作都依法进行，逐步实现社会主义民主的制度化、法律化，使这种制度和法律不因领导人的改变而改变，也不因领导人的看法和注意力的改变而改变。

依法治国的基本要求可以用四句话来概括：有法可依、有法必依、执法必严、违法必究。

社会主义民主法制是社会主义的重要特征，没有民主和法制就没有社会主义，就没有社会主义的现代化。社会主义民主与社会主义法制是辩证统一、紧密相连的。

保障公民的自由平等是我国宪法和法律的基本价值取向。

中职学生要着重从以下几方面努力维护社会主义法制尊严：首先，要认真学习法律知识，增强法律意识，树立法律信仰；其次，要积极宣传法律知识，使人们了解、熟悉法律规范；最后，要积极同违法犯罪行为作斗争，以自身行动维护法律尊严。

2. 重点问题说明

（1）增强遵纪守法意识，要从平时的一点一滴做起，养成良好的行为习惯。另外，我们还要勇于同违法违纪行为作斗争，学会运用法律法规保护自己的合法权益。

（2）维护社会主义法治尊严：当前和今后一个时期，应当在继续加强立法工作的同时，把加强宪法和法律实施，维护社会主义法制的统一、尊严和权威，摆在更为突出的位置。这是在新的历史条件下全面落实依法治国基本方略、加快建设社会主义法治国家的客观要求，是全党、全社会的共同任务。

3．难点问题解析

（1）中职学生要通过学习法律知识，了解和掌握与自己生活密切相关的法律，增强法律意识和社会责任感，自觉维护并遵守宪法和法律，正确行使法律所赋予的权利，自觉履行法律所规定的义务，不断增强遵纪守法意识，逐步将其内化为自身的素质，而成为具有较高法律素质的公民。

（2）依法治国的基本要求可以用四句话来概括：有法可依、有法必依、执法必严、违法必究。

三、生活感悟

（一）小梅的烦恼

小梅家住农村，在村三的小学上五年级。一天，爸爸突然对她说："从明天开始你不要去上学了，到小卖部给你妈帮忙吧，她一个人忙不过来。"小梅听后，伤心地哭了。她想念书，她舍不得学校的老师和同学们。但是，她又不能不听爸爸的话，只好不去学校读书了。老师了解到小梅的情况后，找到了小梅爸爸，劝他让小梅继续上学。小梅爸爸说："女孩子比不得男孩子，读书多了也没什么用，还不如让她在家里干点活呢。再说了小梅是我女儿，让不让她上学得由我说了算。"

【简析】《中华人民共和国宪法》第四十六条规定："中华人民共和国公民有受教育的权利和义务。"《中华人民共和国教育法》第九条规定："公民不分民族、种族、性别、职业、财产状况、宗教信仰等，依法享有平等的受教育机会。"《中华人民共和国义务教育法》第五条规定："适龄儿童、少年的父母或者其他法定监护人应当依法保证其按时入学接受并完成义务教育。"我国宪法从第三十三条到第五十六条，全面而详尽地规定了我国公民的基本权利和义务。

【感悟】谈谈保护儿童的健康成长的法律有哪些。

（二）痴迷暴力游戏，刀捅身边人

2019 年 3 月 11 日晚，17 岁的胡某在网吧玩"持刀捅人"的暴力游戏。由于技术欠佳，胡某每次都被别人"捅"倒。坐在胡某旁边的一名同龄少年也在玩这款游戏，并时不时地对胡某冷嘲热讽。在网上"杀"红眼的胡某当即火冒三丈，抽出随身携带的水果刀，捅向这个少年的胸口，导致其当场死亡。然而，胡某却依旧沉浸在暴力游戏中，已分不清虚拟网络和现实世界。直到警方赶到现场，胡某才惊醒："我是不是杀了人，会不会坐牢？"从这个案例可以看出，网络游戏已成为青少年犯罪的主要诱因之一。

【简析】中职学生正处在身体、心理发育的重要时期，对新鲜事物比较感兴趣，容易被网络这个超现实世界所吸引，在沉迷暴力游戏之后，极易受到不良信息的影响，走上犯罪道路。

【感悟】如何看待法律与个人成长的关系？谈谈青少年如何增强社会主义法治意识。

四、知识检测训练

（一）单项选择题（下列各题的 4 个选项中，只有 1 项是符合题意的）

1. 上课时间快到了，王亮匆匆骑上自行车往学校赶，可却总是遇上红灯，王亮想：相对闯红灯来说，不迟到才是大事，没有车就闯过去吧。于是，他就这样一路闯着红灯赶往学校。你认为王亮的做法是（　　）。

    A．违法行为　　　　　　　　B．合情合理不合法

    C．合情合理又合法　　　　　D．是违反纪律的行为

2. 端午节出租车司机刘某和家人团聚时，禁不住亲人的劝酒，喝了几杯。晚上出车时因精神恍惚而追尾，被交警批评、罚款并没收驾驶执照。这个事件说明（　　）。

    A．法律是对社会成员具有约束力的社会规则

    B．法律是由国家制定并认可的社会规则

    C．法律是一种特殊的行为规则

    D．法律是一种社会行为规则

3. 年初开学后，某乡村中学的好几名学生因被迫外出打工赚钱而退学。校领导多次做家长工作无果后，学校和乡教育管理部门一起向人民法院起诉了这几名家长。法院依法责令这些家长督促孩子尽快返校。以上案例表明法律具有（　　）。

    A．规范作用　　　　　　　　B．强制作用

    C．协调作用　　　　　　　　D．引导作用

4. "法律面前人人平等"的含义主要是指（   ）。

    A．法律规定每个人的义务是平等的

    B．法律规定每个人享有的权利是平等的

    C．违反了法律规定，法律对每个人的处罚是平等的

    D．在社会生活中，法律对全体社会成员具有普遍约束力

5. 在我国，依法治国的主体是（   ）。

    A．中国共产党   B．广大人民群众

    C．司法机关   D．全国人民代表大会

6. （   ）是指所有公民、政党、机关、团体、企事业单位都必须依法办事，这是依法治国的中心环节。

    A．执法必严   B．违法必究

    C．有法必依   D．有法可依

7. 2017年1月7日，四川省犍为县人民法院对杜品田、周国琳、罗腾跃三人进行一审判决：被告人均系国家工作人员，在工作中玩忽职守，致使国家利益遭受重大损失，其行为均已构成玩忽职守罪，情节严重，应当依法予以惩处。以上案例充分体现了依法治国（   ）的基本要求。

    A．有法可依   B．有法必依

    C．执法必严   D．违法必究

8. 下列关于依法治国的说法中，不正确的是（   ）。

    A．依法治国的核心是依宪治国

    B．只是国家机关的事情，与青少年无关

    C．党领导人民治理国家的基本方略

    D．依照宪法和法律的规定管理国家

9.（　　）就是社会各方面的利益关系得到妥善协调，人民内部矛盾和其他社会矛盾得到正确处理。

A．公平正义　　　　　　　B．社会主义民主

C．自由平等　　　　　　　D．社会主义法制

（二）多项选择题（下列各题的 4 个选项中，至少有 2 项是符合题意的）

1．下列关于法律的本质和特征的表述中，正确的有（　　）。

A．法律具有普遍约束力

B．法律具有国家强制性

C．法律反映的是统治阶级的意志

D．法律反映了所有社会成员的意志

2．法律的协调作用，体现在（　　）。

A．协调人与人之间的关系

B．解决人与人之间的纠纷或矛盾

C．规范人与人之间的合法行为

D．规定人们享有的合法权利

3．纪律与法律作为社会规范的组成部分，既有相似性又有差异性。下列哪些选项说明了二者的差异？（　　）

A．法律比纪律具有更大的稳定性

B．法律的程序性要求比纪律更加严格

C．法律比纪律具有更大的普遍适用性

D．法律具有强制忹而纪律没有强制性

4. 依法治国是党领导人民治理国家、管理社会的基本方略，是发展社会主义市场经济的客观需要，是社会文明进步的重要标志，是国家长治久安的重要保障。依法治国的科学含义包括（　　）。

    A. 依法治国的主体是广大人民群众

    B. 依法治国的客体是国家事务、经济文化事务和社会事务

    C. 依法治国的前提是党的领导，要把坚持党的领导、人民当家作主和依法治国有机地结合起来

    D. 依法治国的核心是确立宪法和法律在国家管理活动中的权威，逐步实现国家治理向法治的转变

5. 依法治国的基本要求包括（　　）。

    A. 有法可依　　　　　　　　B. 有法必依

    C. 执法必严　　　　　　　　D. 违法必究

6. 中职学生要避免违法犯罪的发生，必须（　　）。

    A. 不做法律禁止的事情　　　B. 远离有不良行为的同学

    C. 不与社会上的人来往　　　D. 自觉纠正严重不良行为

7. 中职学生要在法治社会里生存和发展，使自己的合法权益不受侵害，就要（　　）。

    A. 认真学习法律知识

    B. 提高依法维护自身合法权益的能力

    C. 树立依法维护自身合法权益的观念

    D. 对侵害自身合法权益的人进行加倍的报复

8. 中职学生要着重从（　　）等方面维护社会主义法治尊严。

    A. 认真学习法律知识，增强法律意识，树立法律信仰

    B. 积极宣传法律知识，使人们了解、熟悉法律规范

C．积极同违法犯罪行为作斗争，以自身行动维护法律尊严

D．加强宪法和法律的执行工作

（三）简答题

1．法律区别于道德规范、宗教规范、风俗习惯、社会礼仪等其他社会规范的特征有哪些？

2．简述依法治国的科学内涵。

3．简述社会主义法治理念的主要内容。

（四）分析题

1．高强是某中职学校学生，平时在德、智、体、美、劳等方面全面发展。该校所在镇共设游戏机房 4 处，每逢节假日、双休日，人满为患，顾客绝大多数为中小学生。打游戏机一时给学校、家长及学生本人带来种种问题，为学校和家长所深恶痛绝。身为班长的高强，不仅本人不打游戏机，还说服其他同学不要参与。在效果甚微的情况下，毅然向派出所举报，迫使这 4 家游戏机房停业整顿，禁止向未成年人开放。

（1）上述材料说明了什么？为什么？

（2）结合自身实际，谈谈应该怎样向高强同学学习。

2. "法令兴则国治国兴，法令弛则国乱国衰。"

谈谈你对这句话的理解。

（五）实践题

1. 以"纪律和自由"为题，用我们学习和生活中的实例开展辩论赛，正确认识纪律和自由的关系，把握现在，努力学习。

2. 法治建设和法律意识的提高需要全社会的共同努力，不但要从我们自身做起，还要积极向身边的人宣传法律知识，增强遵纪守法意识。请你设计一份"学法、守法、用法，做合格公民"的倡议书，带给自己的父母及邻居阅读，并请他们结合自己的生活经历谈谈读后的体会。

第三节　崇尚程序正义，依法维护权益

一、知识结构归纳

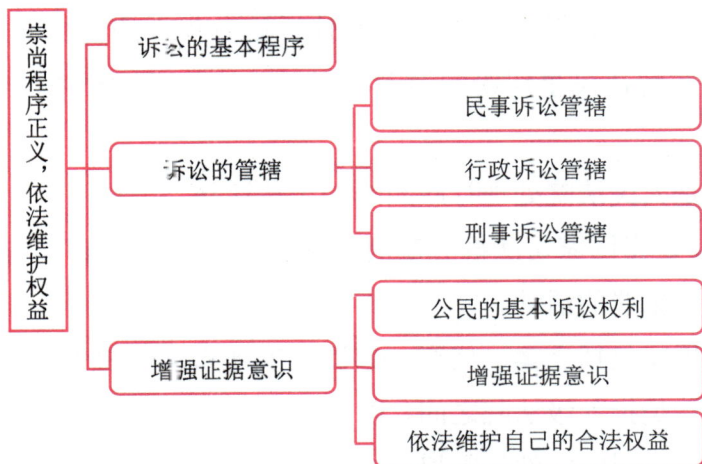

```
                    ┌─ 诉讼的基本程序
                    │
                    │                    ┌─ 民事诉讼管辖
崇尚                 │                    │
程序                 ├─ 诉讼的管辖 ────────┼─ 行政诉讼管辖
正义，               │                    │
依法                 │                    └─ 刑事诉讼管辖
维护                 │
权益                 │                    ┌─ 公民的基本诉讼权利
                    │                    │
                    └─ 增强证据意识 ───────┼─ 增强证据意识
                                         │
                                         └─ 依法维护自己的合法权益
```

二、学习指南

（一）自主学习

1. 民事诉讼的基本程序是怎样的？
2. 刑事诉讼的基本程序是怎样的？
3. 什么是民事诉讼管辖？主要包括哪些类别？
4. 行政诉讼管辖主要包括哪些类别？
5. 刑事诉讼管辖主要包括哪些类别？
6. 公民的基本诉讼权利包括哪些内容？
7. 什么是诉讼证据？它具有哪些特性？

（二）名师导学

1. 主要观点概述

诉讼法，是由国家制定的，规定司法机关和诉讼参与人进行诉讼活动所必须遵守的行为规范的总和。

民事诉讼，是指法院在当事人和其他诉讼参与人的参加下，以审理、判决、执行等方式解决民事纠纷的活动，以及由这些活动产生的各种诉讼关系的总和。

行政诉讼是人民法院处理行政纠纷的司法活动。

刑事诉讼，是指国家司法机关在刑事诉讼参与人的参加下，依法揭露犯罪、证实犯罪和惩罚犯罪的活动。

刑事诉讼程序包括立案、侦查、起诉、审判和执行 5 个阶段。

诉讼的管辖是指各级法院之间，以及不同地区的同级法院之间，受理第一审民事案件、经济纠纷案件的职权范围和具体分工。

法律意义上的证据又叫诉讼证据，是指诉讼过程中用来证明案件事实的凭证或根据，在诉讼活动中具有十分重要的意义。

诉讼证据不同于一般的事实，要具有合法性、客观性和关联性。

2. 重点问题说明

增强证据意识：首先，要形成维权时"有理说得清"的证据意识。明白在现实生活中，不论采用哪一种维权途径，都必须以诉讼证据来主张自己的合法权益；其次，要注意学习区分诉讼证据与一般事实，并不是所有的事实都可以当作诉讼证据；再次，可以通过分析案例了解法定证据的种类；最后，通过理解民事诉讼举证的原则，进一步增强自己的证据意识，养成在日常生活中注意分门别类积累证据的维权行为习惯。

3. 难点问题解析

学会依法维护自己的合法权益：首先，要注意两种极端认识，一是认为打官司太麻烦，二是不管什么争议或纠纷都试图用打官司来解决；其次，要知道我国宪法和法律是保护公民合法权益的，并且有专门的国家机关依照法定程序执行法律。中职学生要学会根据实际情况选择合适的途径依法维权，懂得依法维权的途径有诉讼和非诉讼两种途径；在不明确怎么选择维权途径时，可以根据实际情况向专门的法律机构寻求法律帮助或申请法律援助；再次，可以通过案例明确。无论选择何种合法途径维权，都必须遵循一定的法定程序，严格按照法定程序来维权。

三、生活感悟

（一）主动回避，体现司法程序公正

某市检察院汪某在办理一起受贿案件时，发现犯罪嫌疑人之一系其表哥，故申请回避并经检察长同意。

【简析】本案中汪某的行为体现了诉讼法中的回避原则，它是判断程序公正的原则之一。程序正义是一种法律理念，即任何法律决定必须经过正当的程序，这种程序的正当性体现为特定的主体根据法律规定和法律授权所作出的与程序有关的行为，例如本案中汪某的主动回避行为。程序公正是司法公正的有力保障。

【感悟】结合案例，谈谈你对程序公正原则的认识。

（二）没有证据债难讨，债主打人倒赔钱

老张和老牛是好朋友。老牛向老张借了 2 万元钱做生意，说好一年后归还，老张借给了他，并表示不用写借条。一年后，老张要老牛还钱，而老牛却矢口否认。要不回钱，老张就动手把老牛打了一顿，老牛倒过来把老张告上法庭，法庭了解情况后，先进行调解，老张因为没有证据证明自己是债主，不但没有要回钱，还反过来赔偿老牛医疗费 500 元。

【简析】本案中的老张就遇到了"有理说不清"的情况。有理就是当事人

自己觉得有理，也就是所谓客观上有这回事；但说不清，也就是无证据加以支持。这种情况法院只能判决被告败诉。这个案例告诉我们两个道理：第一，平时要注意保留证据。被保留的证据最好是书证或者录音、录像等视听资料。第二，证据对打官司是至关重要的。我们通常所说的"以事实为根据"，实质上就是"以证据为根据"。

【感悟】结合案例，谈谈你对诉讼证据的认识。

四、知识检测训练

（一）单项选择题（下列各题的 4 个选项中，只有 1 项是符合题意的）

1. 人们进行法律行为所必须遵循或履行的法定时间或空间上的步骤和形式，称为（   ）。

    A. 法律运行   B. 法律执行

    C. 法律适用   D. 法律程序

2. （   ）是指法院在当事人和其他诉讼参与人的参加下，以审理、判决、执行等方式解决民事纠纷的活动，以及由这些活动产生的各种诉讼关系的总和。

    A. 民事诉讼   B. 行政诉讼

    C. 刑事诉讼   D. 诉讼程序

3. 在民事诉讼中，因民事权利义务关系发生争执和受到侵害，以自己的名义进行诉讼，并受人民法院的裁判或者调解书约束的人是指（   ）。

    A. 当事人   B. 原告   C. 第三人   D. 被告

4. 当事人在第二审程序中，一般称为（　　）。

　　A. 原告和被告　　　　　　　B. 上诉人和被上诉人

　　C. 原告和被上诉人　　　　　D. 上诉人和被告

5. （　　）是指当事人向人民法院提出诉讼请求的行为。

　　A. 起诉　　　　　　　　　　B. 受理

　　C. 审理　　　　　　　　　　D. 判决

6. 人们通常说的"民告官"是（　　）。

　　A. 民事诉讼　　　　　　　　B. 经济诉讼

　　C. 刑事诉讼　　　　　　　　D. 行政诉讼

7. （　　）是解决犯罪嫌疑人、被告人刑事责任问题的诉讼活动。

　　A. 民事诉讼　　　　　　　　B. 经济诉讼

　　C. 刑事诉讼　　　　　　　　D. 行政诉讼

8. 刑事诉讼程序包括（　　）。

　　A. 起诉、立案、审理前的准备、开庭审理和民事判决

　　B. 起诉、受理、审理前的准备、开庭审理和民事判决

　　C. 起诉、立案、侦查、审判和执行

　　D. 立案、侦查、起诉、审判和执行

9. 公民有提起上诉和申请执行的权利。当事人不服地方人民法院第一审判决的，有权在判决书送达之日起（　　）日内向上一级人民法院提起上诉。

　　A. 5　　　　　B. 10　　　　　C. 15　　　　　D. 30

10. 我国法律规定的法定证据主要有（　　）种。

　　A. 5　　　　　B. 6　　　　　C. 7　　　　　D. 8

11. 个体户王某因销售货物时屡有缺斤短两现象，工商行政管理局发现后决定对其处以吊销营业执照的处罚。王某不服，决定以工商行政管理局为被告打官司。该诉讼属于（　　）。

  A. 民事诉讼   B. 行政诉讼

  C. 刑事诉讼   D. 行政复议

12. 民事诉讼或行政诉讼开庭审理的程序可以分为 4 个阶段，即（　　）。

  A. 法庭调查、法庭辩论、合议庭评议、宣告判决

  B. 开庭审理的准备、法庭调查、法庭辩论、宣告判决

  C. 开庭审理的准备、法庭调查、合议庭辩论、宣告判决

  D. 开庭审理的准备、法庭调查、合议庭评议、宣告判决

13. 南方某村 3 个农民与村委签订了 6.8 亩橘园承包合同，当年橘子大丰收，人均获利 1.5 万元。个别村干部眼红想毁约，3 个农民应该（　　）。

  A. 用武力教训眼红的村干部

  B. 托熟人讲情送礼，私下解决

  C. 民不与"官"斗，忍气吞声算了

  D. 保留好合同，运用法律武器维护自己的合法权益

14. 张小姐在某手表行花 8 000 元买了一款新手表，不到两个月，手表就不正常显示时间了。为此张小姐将该行起诉至法院，然而法院却驳回了她的诉讼请求。试想法院驳回张小姐诉讼请求的最有可能的原因是（　　）。

  A. 张小姐购买手表时未索要发票，无法证实她是在被告处购买的手表

  B. 张小姐没有按照规定流程进行起诉

  C. 张小姐的手表已过保修期

  D. 张小姐没有与手表行老板进行有效协商

（二）多项选择题（下列各题的 4 个选项中，至少有 2 项是符合题意的）

1．目前我国主要的诉讼法包括（　　）。

　　A．民事诉讼法　　　　　　　　B．行政诉讼法

　　C．刑事诉讼法　　　　　　　　D．治安管理处罚法

2．民事诉讼主要调整平等主体的公民、法人和其他组织及他们相互之间因财产权益和人身权利发生的诉讼。下列选项中，通过民事诉讼可以解决的有（　　）。

　　A．侵权纠纷　　　　　　　　　B．婚姻家庭纠纷

　　C．合同纠纷　　　　　　　　　D．人身权纠纷

3．民事诉讼参加人包括（　　）。

　　A．当事人　　　　　　　　　　B．共同诉讼人

　　C．诉讼代表人　　　　　　　　D．第三人和诉讼代理人

4．下列行为中，公民、法人或者其他组织可以提起行政诉讼的有（　　）。

　　A．工商行政管理局的合同鉴证行为

　　B．劳动鉴定委员会实施的劳动能力鉴定行为

　　C．大学根据《学位条例》拒绝发放学位证书的行为

　　D．注册会计师协会对注册会计师执业执照不予年检的行为

5．刑事诉讼审判程序包括（　　）。

　　A．第一审程序　　　　　　　　B．第二审程序

　　C．死刑复核程序　　　　　　　D．审判监督程序

6. 以下案件中，关于证据表述正确的选项是（　　　）。

　　A. 高某放火案，表明大火系因电器短路引起的录像是视听资料

　　B. 刘某杀人案，证明被告人到过案发现场的证人证言是法定证据

　　C. 孙某投毒案，证明被告人指纹与现场提取的指纹同一的鉴定结论

　　D. 汪某盗窃案，被害人甄某关于犯罪给自己造成物质损害的陈述是证人证言

7. 行政诉讼管辖，是指各级人民法院之间，以及同级人民法院之间受理第一审行政案件的分工和权限。行政诉讼法规定的管辖可分为（　　　）。

　　A. 级别管辖　　　　　　　　　　B. 地域管辖

　　C. 移送管辖　　　　　　　　　　D. 指定管辖

8. 我国法律规定，审判人员有（　　　）情形之一的，必须回避，当事人有权用口头或书面方式申请他们回避。

　　A. 本案当事人或当事人、诉讼代理人的近亲属

　　B. 与本案当事人或诉讼代理人无利害关系的

　　C. 与本案有利害关系的

　　D. 与本案当事人有其他关系，可能影响对案件公正审理的

9. 诉讼证据的特征有（　　　）。

　　A. 客观性　　　　　　　　　　　B. 关联性

　　C. 合法性　　　　　　　　　　　D. 全面性

10. 公民解决纠纷的方式有多种，除了通过法院用诉讼方式解决外，也可以采取非诉讼方式解决。非诉讼方式主要包括（　　　）。

　　A. 调解　　　　　　　　　　　　B. 仲裁

　　C. 行政复议　　　　　　　　　　D. 协商

（三）简答题

1. 简要叙述诉讼程序的作用。

2. 简述民事审判的基本程序。

（四）分析题

1. 2019 年 4 月 29 日　北京世界园艺博览会拉开帷幕。甲约女友乙前去参观。两人因说说笑笑，未注意门前挂有"展览之花，严禁采摘"的牌子。乙看到一盆花，甚是喜欢，停下来对甲说："这花真漂亮！你偷着帮我摘一朵吧。"趁人不注意，甲上前试图采摘，因用力过猛，导致花盆打翻在地。同时，甲因突然转身与正在身后参观花展的丙相撞，造成丙的眼镜摔碎。该花盆和盆内鲜花为丁所有，丁为此损失 500 元。丙的镜片损失共计 300 元。现丁、丙想提起诉讼。

（1）在丙提起的诉讼中，应当以谁为被告？请说明理由。

（2）在丁提起的诉讼中，应当以谁为被告？请说明理由。

2. 北京市患者王某体内钢板断裂，找到原治疗医院索要赔偿。医院认为钢板断裂是患者自身造成的，一分钱都不能赔。患者遂将医院告上法庭。北京市某区法院要求该医院给出证据，以证明钢板断裂是王某自身过错造成的。然而，医院却无法提供证据。最后，法院判处医院赔偿王某误工费、交通费等损失 2 万余元，其中包括 5 000 元精神损失费。

（1）以上案例表明诉讼证据具有什么特点？

（2）法院为什么最后判处医院赔偿王某相应的费用？

3. 保安员张某，中专毕业后来到南方某城市打工。当他在保安公司找到工作后，经同事指点，带上相关证件去某派出所办理《暂住证》，派出所工作人员推诿、拖延、态度不好。他前后共去了四次都没有办下《暂住证》。而没有暂住证，张某出门工作、生活、办事等都不方便。张某想尽快办下暂住证，有人告诉他可以去投诉。

（1）张某应该向哪个机关投诉？如果起诉，张某应该怎样书写起诉状？

（2）如果公民在生活、工作中发生纠纷，只能去法院进行诉讼吗？可以选择哪些常用的非诉讼途径？

（五）实践题

到学校附近的法院观摩公开审理的案件，认真学习法官审理案件的程序；利用课堂或班会时间分角色模拟法庭审判场景，体悟程序法的公正严明。

第四章　自觉依法律己　避免违法犯罪

第一节　杜绝不良行为，预防一般违法行为

一、知识结构归纳

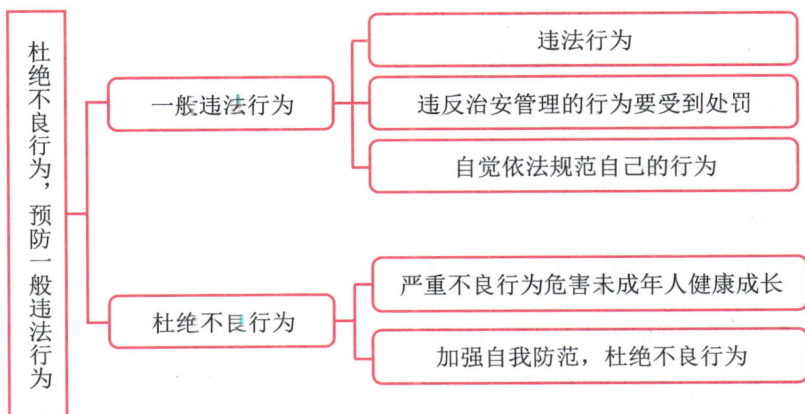

```
杜绝不良行为，预防一般违法行为
├─ 一般违法行为
│    ├─ 违法行为
│    ├─ 违反治安管理的行为要受到处罚
│    └─ 自觉依法规范自己的行为
└─ 杜绝不良行为
     ├─ 严重不良行为危害未成年人健康成长
     └─ 加强自我防范，杜绝不良行为
```

二、学习指南

（一）自主学习

1．根据违法行为的性质、情节和对社会的危害程度，可以将其分为哪几类？

2．哪些行为是违反治安管理的？

3．青少年如何加强自我防范，杜绝不良行为？

（二）名师导学

1. 主要观点概述

根据违法行为的性质、情节和对社会的危害程度，可以分为违宪行为、刑事违法行为、民事违法行为及行政违法行为。

治安管理是国家机关为维护社会治安秩序，保障公共安全，保护公民合法权益，规范和保障公安机关及人民警察依法履行治安管理职责而进行的管理活动。

违反治安管理的行为是指扰乱公共秩序、妨害公共安全、侵犯人身权利和财产权利、妨害社会管理的具有社会危害性但又不够刑事处罚的行为。

治安管理处罚是行为人因实施了违反治安管理法规的行为，尚不够刑事处罚的，由公安机关给予的处理惩罚。

中职学生要健康快乐地成长、成才，就要学会自觉依法规范自己的行为；要认识到遵纪守法是每个公民的义务，树立起牢固的法律观念，做到知法、懂法、守法；要知道法律对人身权利和财产权利的相关规定，懂得运用法律武器维护自己的合法权益；要增强法律意识和法制观念。

未成年人应当自觉遵守法律、法规及社会公共道德规范，树立自尊、自律、自强意识，增强辨别是非和自我保护能力，自觉抵制各种不良行为及违法犯罪行为的引诱和侵害。

2. 重点问题说明

（1）违反治安管理的行为要受法律处罚：常见的违反治安管理的行为是扰乱公共秩序，妨害公共安全，侵犯人身权利、财产权利，妨害社会管理秩序。只有认识到违反治安管理行为的社会危害性，违反治安管理的行为要受到法律处罚，才能自觉依法规范自己的行为。做到这点，就要学法、知法、懂法、守法，增强法制观念，还要从小事做起，从自我做起。

（2）严重不良行为危害未成年人健康成长：对于未成年人来说，最主要的严重不良行为是参与赌博、吸毒，以及传播淫秽读物或音像制品。这些严重不良行为具有较大的社会危害性，危及未成年人健康成长，因此，要加强自我防范，杜绝不良行为。要做到这一点，就要学习《预防未成年人犯罪法》，明确哪些是不良行为和严重不良行为，认同法律，依法律己，自觉守法，加强自我防范，抵制不良影响和诱惑，杜绝不良行为。

3．难点问题解析

（1）自觉依法规范自己的行为：首先，要认识到遵纪守法是每个公民的义务，树立起牢固的法律观念，做到知法、懂法、守法；其次，要知道法律对我们人身权利和财产权利的相关规定，运用法律武器维护自己的合法权益；再次，要增强法律意识和法制观念。

（2）加强自我防范，杜绝不良行为：这属于行为要求，对未成年人而言，做起来有些难度。突破这一点，首先，要区分认识什么行为是不良行为，什么行为是严重不良行为；其次，要自觉守法，依法律己，法律提倡的事积极去做，法律不允许的事坚决不做；最后，要增强自我保护意识和能力，抵制不良影响和诱惑，杜绝不良行为。

三、生活感悟

（一）偷开他人汽车要受罚

中职生小吴正在驾校学习但尚未领取驾驶证，见一辆车内无人的轿车停在小区路边，他就用改锥和一根铁丝将该车车门撬开，发动后，围着小区转了一圈，在拐弯时发生了剐蹭，接着又停回原地。被车主发现后扭送到派出所。小吴被公安机关处以警告，并处罚款500元，而且赔偿车主修车损失1 000元。

【简析】偷开他人机动车，这种行为会给公民的合法财产造成威胁和损害，也给社会治安管理和社会秩序稳定造成一定的破坏。该行为违反了什么法律规定？会受到哪些法律处罚？

【感悟】结合案例，谈一谈当我们想过"开车瘾"时，应该怎样做。

（二）惊魂迈扎央

迈扎央是中缅交界处缅甸境内的小镇。2019 年 5 月 1 日，宁波市的李女士正在超市忙于工作，忽然接到一个陌生电话，听筒中传来 18 岁儿子小亮哭泣的乞求声，"妈妈你救救我命嘛，我已经到'面店'了""你快给我拿钱过来"。妈妈以为儿子在宁波某处吃了点心没付钱，就说："你要多少？我给你拿去！"。儿子说："我要 10 万！"，家境并不富裕的李女士随即惊得摔倒在地。紧接着传来某陌生男子的声音，"快把钱打过来，否则你儿子就没命了"。儿子昨天还在家好好的，晚上说到朋友家吃饭，怎么一夜之间就到了缅甸呢？报案后，警察证实这个陌生号码确实在境外。每隔几个小时就听到儿子惨叫声的她，再也等不下去了，求遍所有的亲戚朋友和邻居后，将 10 万元分 4 次打了过去。所幸两天后儿子回来了，原来儿子听人说，到缅甸能够赚大钱，就和他人上了飞机，结果身陷缅甸赌场。仅仅 10 天，家里就背上了 10 万元的债务，生活更是雪上加霜。

【简析】急于赚大钱的小亮轻信他人，贸然跟他人到缅甸参与赌博，给自己和家庭带来巨大损害。参与赌博属于什么行为？它具有什么社会危害性？

【感悟】谈一谈我们应该怎样去赚钱。

四、知识检测训练

（一）单项选择题（下列各题的 4 个选项中，只有 1 项是符合题意的）

1. （   ）是指国家机关制定的某种法规及国家机关、社会组织或公民的某种活动、行为与宪法的规定相抵触。

    A. 民事违法行为   B. 违宪行为

C. 行政违法行为　　　　　　　　　D. 刑事违法行为

2. 违反治安管理行为最基本的特征是（　　　）。

A. 具有一定的社会危害性　　　　B. 具有违法性

C. 应受治安管理处罚　　　　　　D. 受刑事处罚

3. （　　　）是指行为人故意扰乱法律、法规和其他规章制度确定的以及人们在长期共同生活中形成的公共生活准则，如在公共场所闹事、堵塞交通等。

A. 扰乱公共秩序　　　　　　　　B. 妨害公共安全

C. 侵犯人身权利　　　　　　　　D. 妨害社会管理

4. 中职学生小刘出于好奇、刺激心理，经常拨打110而被警察现场抓获。其行为属于一般违法行为中的（　　　）。

A. 玩闹行为　　　　　　　　　　B. 妨害社会管理秩序行为

C. 扰乱公共秩序行为　　　　　　D. 妨害公共安全行为

5. 违反治安管理的行为对他人造成损害的，（　　　）应当依法承担民事责任。

A. 行为人　　　　　　　　　　　B. 行为人或者监护人

C. 监护人　　　　　　　　　　　D. 行为人所在的单位

6. 近年来青少年犯罪率呈上升趋势，并出现低龄化、智能化、团伙性和暴力性等特点。为预防未成年人犯罪，使未成年人健康成长，我国制定的一部专门法律是（　　　）。

A. 《教育法》　　　　　　　　　B. 《义务教育法》

C. 《未成年人保护法》　　　　　D. 《预防未成年人犯罪法》

7. 4月15日，网民"林书豪"在微博上多次发布"要发动恐怖袭击，炸毁市政府"的帖子。该网民真实身份为邵某某（男，20岁，湖州人）。邵某某交代是为了引发关注加之对现状不满才这么说的，被处以治安拘留5日的处罚。邵某某的行为是（　　）。

　　A．玩闹行为　　　　　　　　B．妨害社会管理秩序行为

　　C．妨害公共安全行为　　　　D．扰乱公共秩序行为

8. 中职学生小玲听说大家都在传阅"非常好看"的漫画书，出于好奇，她也费尽心机找到一本，发现书中画的是裸体，还有男孩子吻女孩子的技巧，等等。虽然感觉看这种书不好，但她还是忍不住看完了，并传给了其他人。小玲这种行为属于（　　）。

　　A．犯罪行为　　　　　　　　B．一般违法行为

　　C．不良行为　　　　　　　　D．严重不良行为

（二）多项选择题（下列各题的4个选项中，至少有2项是符合题意的）

1. 根据违法行为的性质、情节和对社会的危害程度，可以分为（　　）。

　　A．违宪行为　　　　　　　　B．刑事违法行为

　　C．民事违法行为　　　　　　D．行政违法行为

2. 中职学生汪某不思学习，迷恋网吧和游戏室，夜不归宿，屡教不改，后来竟发展到持刀抢劫，致人重伤，结果被法院判刑。上述案例给我们的启示是（　　）。

　　A．青年学生要认真学法，依法自律

　　B．青少年要努力提高自我保护能力

　　C．不去游戏室和网吧的学生可以不学习法律

　　D．我国对未成年人的社会保护还有待加强

3. 中职学生小莫经常去网吧浏览一些不健康的信息，严重影响了学习。对此理解正确的有（　　）。

    A．小莫缺乏自我保护意识

    B．小莫的行为是自主自强的表现

    C．小莫浏览不健康信息的行为是不正确的

    D．网吧老板违反了《未成年人保护法》中社会保护的要求

4. 违反治安管理的常见行为有（　　）。

    A．公共场所寻衅滋事

    B．制造、买卖、储存、运输或使用爆炸性、毒害性物质

    C．举报打架斗殴事件

    D．侵犯公民身体健康、人身自由、人格和名誉

5. 《治安管理处罚法》将治安管理处罚的种类分为（　　）。

    A．警告　　　　　B．罚款　　　　　C．拘留　　　　　D．罚金

6. 下列行为中，属于危害公共安全行为的有（　　）。

    A．小鹏和小灵争着比赛往铁道上扔石头

    B．小龙到某地旅游时，在佛像上刻下"小龙到此一游"

    C．小童放学回家路上，拿出弹弓把路上的路灯全都打碎了

    D．小琪从大草原上旅游回来时，携带着尖锐的蒙古刀上了火车

7. 下列行为中，属于严重不良行为的有（　　）。

    A．小华放学后经常堵住低年级同学索要钱物

    B．小宁放学后经常到牌桌上赌几把，想赢点儿钱花

    C．上初一的小丽觉得抽烟很酷，于是开始抽烟

    D．小敏经常到迪厅去K歌，为了唱歌跳舞时更带劲，就吃"摇头丸"

8．要依法规范自己的行为，中职生需要（　　　）。

A．明白遵纪守法是每个公民的义务

B．树立牢固的法律观念，做到知法、懂法、守法

C．明确法律对人身权利和财产权利的相关规定

D．不断增强法律意识

（三）简答题

1．什么是违反治安管理的行为？其种类主要有哪些？

2．中职学生应该避免哪些不良行为？

（四）分析题

1．小鹏过完 15 岁生日后没几天，父母便离婚了。父亲非但没有给予小鹏更多关爱，反而把对妻子的憎恨统统发泄到孩子身上。渐渐地，小鹏不再做无力的辩解，他开始流浪街头，整天跟一伙"小哥们"抽烟喝酒厮混，继而一起在街头用扑克牌进行赌博，随后被带到派出所接受处理。

（1）小鹏参与赌博属于违反治安管理行为中的哪一种？

（2）如果我们处在小鹏的境地，应该怎样处理此类问题？

2．2019 年 2 月下旬，东莞市某重点中学在对学生返校检查中发现，高二（3）班的小李直到中午还没到校，经向家长了解他早已离家走了。随后家长收到了索要

7万元赌债的电话，小李被人绑架。经公安局调查了解，该同学之所以欠下巨额赌债，是因为参与了网上NBA赛事赌球活动。经调查发现，该校学生参与赌球人数达到了40多人，涉及了高一、高二两个年级，总金额高达30多万元。

（1）参与网上赌球活动属于什么行为？这种行为有什么危害性？

（2）说一说同学邀请自己参与赌球类活动时，我们怎样拒绝并说服同学不参与其中？

（五）实践题

搜集一些未成年人严重不良行为危害未成年人健康成长的案例，讨论如何加强自我防范、杜绝不良行为。

第二节　增强法律意识，避免误入犯罪歧途

一、知识结构归纳

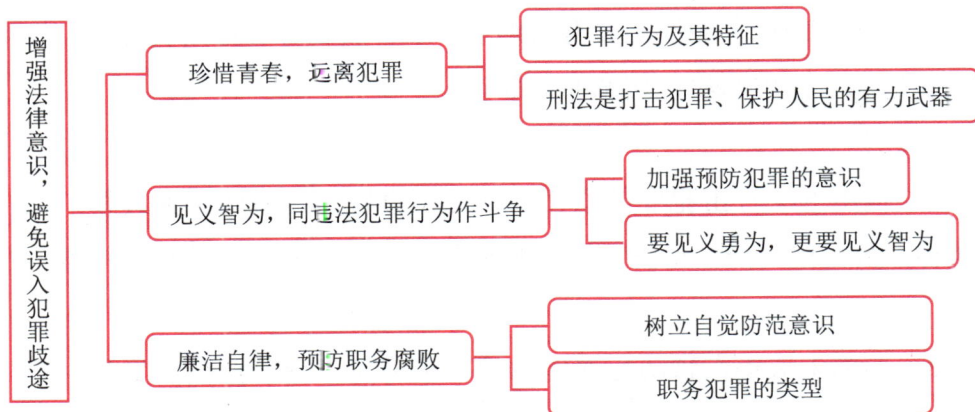

```
                                    ┌─ 犯罪行为及其特征
                   珍惜青春，远离犯罪 ┤
                                    └─ 刑法是打击犯罪、保护人民的有力武器
增强法律
意识，                               ┌─ 加强预防犯罪的意识
避免误  ─ 见义智为，同违法犯罪行为作斗争 ┤
入犯罪                               └─ 要见义勇为，更要见义智为
歧途
                                    ┌─ 树立自觉防范意识
                   廉洁自律，预防职务腐败 ┤
                                    └─ 职务犯罪的类型
```

二、学习指南

（一）自主学习

1. 什么是犯罪？它具有哪些特征？
2. 运用刑法打击犯罪具有哪些意义？
3. 如何加强未成年人犯罪的自我防范意识？
4. 什么是见义智为？
5. 职务犯罪的类型有哪些？

（二）名师导学

1. 主要观点概述

我国刑法的根本任务是打击犯罪，保护国家和人民的根本利益，保障社会主义建设事业的顺利进行。

见义勇为，就是公民为保护国家利益、社会公共利益和他人的人身、财产利益，面对各种违法犯罪行为、自然灾害或意外事故，在危急时刻挺身而出所实施的救助行为。

见义智为，就是面对不法侵害时，要依靠自己的智慧做出判断，要采取机智灵活的方法与犯罪分子作斗争，尽量减少不必要的伤亡，力求在保证安全的前提下，比较巧妙地或借助社会力量将不法分子制伏。

刑法中规定的职务犯罪主要有受贿罪、职务侵占罪、挪用资金罪、挪用公款罪、贪污罪、滥用职权、玩忽职守罪等。

2. 重点问题说明

（1）运用刑法打击犯罪的意义：保卫国家安全，巩固国家政权；保护国家、集体、公民的财产；保护公民人身权利、民主权利和其他权利；维护社会秩序。

（2）加强未成年人预防犯罪的意识：未成年人犯罪已被世界列为第三大

公害。只有加强未成年人预防犯罪的意识，才能自觉依法律己，也才能同犯罪行为作斗争。如何加强未成年人预防犯罪意识？一是通过加强文化修养和法律意识，自觉抵制各种不良行为和违法犯罪行为的引诱和侵害；二是在受到犯罪侵害后应通过法律途径，及时维护自己的合法权益。

3．难点问题解析

（1）我国刑法的根本任务是打击犯罪，保护国家和人民的根本利益，保障社会主义建设事业的顺利进行。

（2）培养见义勇为、见义智为的品质：见义勇为、见义智为是本课的道德要求。对未成年人而言，其自我保护能力差，见义勇为的结果很可能是以生命为代价。所以对未成年人不提倡见义勇为，而是作为公民的义务。不提倡并不等于反对，而是在认同它是高尚行为的同时，在保证青少年自身安全的前提下，运用智慧和有效手段见义智为。

三、生活感悟

（一）一怒之下施暴力　未成年人被判刑

2019 年 7 月中旬的一天凌晨，中学生黄某、陶某和罗某一起来到网吧上网。由于换座原因，三人与同龄人小芳（化名）发生争执，三人一怒之下便将小芳挟持到河滨公园内进行殴打、辱骂，罗某还抢走了小芳身上的 200 余元现金。此时，公园管理人员前来巡逻，三人见势不妙才扔下小芳落荒而逃。几天后，黄某等人被警方抓获。区检察院分别以侮辱妇女罪、抢劫罪对其提起了诉讼。

区人民法院审理后认为，黄某、陶某以暴力胁迫方式侮辱这名女子，其行为已构成侮辱妇女罪。罗某以非法占有为目的，采用暴力威胁手段强行劫取他人财产，其行为已构成抢劫罪。考虑到三被告均未满十八周岁，根据《刑法》相关规定，法院作出一审判决：判处黄某和陶某三年有期徒刑，罗某有期徒刑三年并处罚金。

【简析】三未成年人犯罪的主观原因是：法律意识淡薄，认知能力差，自控力差。另外，性格脾气暴躁也是导致其犯罪的主要原因。

【感悟】谈一谈我们要从黄某、陶某和罗某身上吸取什么教训。

（二）危险的一念之差

小李上大三时，由于父亲经商亏损，家里经济条件越来越差，考虑后他办了休学手续，打算省出钱供弟弟上学。他休学后去打工，为能回家乡做网站维护和网吧网管，他刻苦钻研互联网和计算机技术，可打工收入仅能维持生活难以帮弟弟。此时弟弟因学费问题被停课，为了扭转这种局面，他开始去接受DDOS（攻击）业务。小李先在自己的网店上发布了接受远程攻击业务广告，很快就有人找上他，提出攻击老张的网吧。小李接下了这单业务，前后收了一千元，很快欲壑难填的他向老张索要维护费六千元，接着又要一个七千，最后沦落成为攻击他人计算机系统从中牟利的黑客，直到被警方刑事拘留。

【简析】小李攻击老张的网吧从中牟利，是否构成了犯罪？应受到什么处罚？

【感悟】谈谈当家庭遇到经济困难时，我们应该怎样才能更好地帮助家庭。

（三）危险的"毒药"

某市中学三个初一的学生，上课传递"毒药已买好"的纸条，被老师发现，经过耐心的开导教育，三个学生说出了毒药的用途。其中一个学生的邻居是私营企业主，买毒药是想将其毒死，他们享用企业主的钱财，另一个说他母亲爱唠叨，买毒药想趁母亲吃饭时将其毒死，这样就不会有人烦他了。当问及三个学生杀人的后果时，他们都摇头说："不知道"。一张纸条被及时发现，避免了惨案的发生，挽救了三个孩子。

【简析】上述案例中的三个学生差点误入犯罪歧途。简要说明他们差点犯罪的原因。

【感悟】应如何看待金钱？如何对待父母的唠叨？

四、知识检测训练

（一）单项选择题（下列各题的 4 个选项中，只有 1 项是符合题意的）

1. 2018 年 10 月的一天，杭州一富家子弟驾驶红色三菱跑车在城市道路上飙车，造成一死两伤的惨剧。案发后，他仍然没有停车，反而继续横冲直撞。该青年的行为属于（　　）。

　　A．故意杀人罪　　　　　　　　B．故意伤害致人死亡罪

　　C．交通肇事罪　　　　　　　　D．危害公共安全罪

2. 中职学生小刘和小罗常手持匕首，在学生上学路上逼迫低年级同学交出身上所带现金，不给就拳打脚踢。后来学生家长报案，刘、罗二人被公安机关缉拿归案。他们的行为属于（　　）。

　　A．抢劫犯罪　　　　　　　　　B．仗势欺人

　　C．敲诈勒索罪　　　　　　　　D．一般违法行为

3. 计算机专业大二在读生小梁利用所学知识攻击网上银行，把银行客户账户里的钱转移到自己账上。其行为构成（　　）。

　　A．侵入计算机系统罪　　　　　B．盗窃罪

　　C．不犯罪　　　　　　　　　　D．诈骗罪

4. 某校中职生小莫和小明迷恋网络，但又没有足够的钱去网吧。于是就出去持刀抢劫，达 600 多元。后来二人被公安机关缉拿归案。二人的行为属于（　　　）。

　　A. 抢夺罪　　　　　　　　　B. 一般违法行为

　　C. 敲诈勒索罪　　　　　　　D. 抢劫罪

5. （　　　）就是面对不法侵害时，要依靠自己的智慧做出判断，要采取机智灵活的方法与犯罪分子作斗争，尽量减少不必要的伤亡，力求在保证安全的前提下，比较巧妙地或借助社会力量将不法分子制伏。

　　A. 见义勇为　　　　　　　　B. 见义智为

　　C. 预防犯罪　　　　　　　　D. 打击犯罪

（二）多项选择题（下列各题的 4 个选项中，至少有 2 项是符合题意的）

1. 犯罪的基本特征包括（　　　）。

　　A. 社会危害性　　　　　　　B. 刑事违法性

　　C. 应受惩罚性　　　　　　　D. 阶级性

2. 下列行为中，属于犯罪的有（　　　）。

　　A. 小梁出于哥们义气，将得罪好朋友的小奥打成残废

　　B. 小西等人长期泡在网吧，为筹集上网费而结伙持刀抢劫路人

　　C. 小彤特别喜欢孙燕姿的演唱海报，经过大剧院时顺手揭走了该海报

　　D. 小恺等人组成盗窃团伙，在繁华的商业街偷盗达几十万元

3. 我国刑法的根本任务是（　　　）。

　　A. 维护良好的社会治安

　　B. 打击犯罪

C. 保护国家和人民的根本利益

D. 保障社会主义建设事业的顺利进行

4. 运用刑法打击犯罪具有重要意义，具体包括（　　）。

A. 保卫国家安全，巩固国家政权

B. 保护国家、集体、公民的财产

C. 保护公民人身权利、民主权利和其他权利

D. 维护社会秩序

5. 中职学生应该学会自我保护，这对我们的健康成长是非常重要的。下列对如何提高自我防范能力的说法中正确的有（　　）。

A. 遇到犯罪案件要尽量拖延时间，寻机呼救

B. 我们年龄虽小，但遇事要镇定，不要慌乱，弄清事实

C. 防止上当受骗，最重要的是提高警惕，不要被眼前的小利蒙蔽

D. 我们已经长大，遇到犯罪案件要挺身而出，勇于面对坏人

6. 未成年人违法犯罪大致有以下情形（　　）。

A. 从不良行为、恶作剧发展到违法犯罪

B. 从娇生惯养到称王称霸乃至行凶杀人而犯罪

C. 从被歧视、被虐待到行凶报复或流落街头被教唆犯罪

D. 由厌学、逃学甚至离家出走到侵犯他人权益而违法犯罪

7. 根据《预防未成年人犯罪法》的规定，提升未成年人犯罪的自我防范意识主要包括（　　）。

A. 通过法制教育，增强法律观念

B. 在法律宣传中，提升明辨是非的能力

C. 通过加强文化修养和法律意识，自觉抵制各种不良行为和违法犯罪行为的引诱和侵害

D. 在受到犯罪侵害后应通过法律途径，及时维护自己的合法权益

8. 见义勇为的特征表现在（　　）。

　　A. 注重弘扬社会正气，加强社会治安综合治理

　　B. 以保护国家、集体利益和他人人身、财产安全为目的

　　C. 具有不顾个人安危的情节

　　D. 实施了同违法犯罪行为作斗争或抢险、救灾、救人的行为

9. 从精神文化层面看，职务腐败带给社会的危害更加持久和深重，主要表现为（　　）。

　　A. 严重毒害社会风气

　　B. 导致信仰和理想的迷失，使人生境界仅仅停留在功利层面上，致使金钱至上主义泛滥

　　C. 扰乱社会秩序，妨害公共管理

　　D. 降低了社会诚信度，致使社会整体道德水平下降

10. 职务腐败行为严重到一定程度就构成了刑法所规定的职务犯罪，我们应当自觉抵制职务腐败行为。下列属于职务犯罪的有（　　）。

　　A. 抢劫罪　　　　　　　　　　B. 受贿罪

　　C. 贪污罪　　　　　　　　　　D. 挪用公款罪

（三）简答题

1. 什么是犯罪？犯罪有哪些特征？

2. 简述你对见义勇为和见义智为的理解。

（四）分析题

1. 14岁的小夏，其父亲因犯罪而被判刑5年的判决书刚刚下达，其母亲又当即提起了离婚诉讼。双重的打击，使小夏感到无脸见人。更令他痛心的是，人们用复杂的眼光看他，不少同学也在家长的怂恿下远离了他。在这种隔绝与寂寞的环境里，小夏很快陷入自卑、消沉的情绪里，学习成绩一落千丈。不久，他被社会上的几个"混混"拖下了水，参与抢劫1次，盗窃3次。

（1）小夏抢劫、盗窃犯罪有什么危害？

（2）我们应该怎样正对生活中的不幸？

2. 近日，贵阳市17岁的小蕾在西餐厅为客人服务时，发现客人落下一部价值6 000多元的手机，随手装入自己的口袋中，同时还用客人手机给贵州老家打了一个长途电话。在客人返回寻找时，她拒不承认自己拿走手机。在警方调查时，依然拒绝交出客人手机。

（1）你认为小蕾是否构成犯罪？如果构成犯罪，属于什么犯罪？

（2）当我们捡到物品时应该怎么做？

（五）实践题

高中生小雷自初三开始光顾网吧，后迷恋电子游戏而不断逃课上网，家里贫穷支付不起上网费，于是……

（1）请你结合案例材料续写事情的结局。

（2）谈一谈我们应该怎样对待网络。

第五章　依法从事民事经济活动

维护公平正义

第一节　公正处理民事关系

一、知识结构归纳

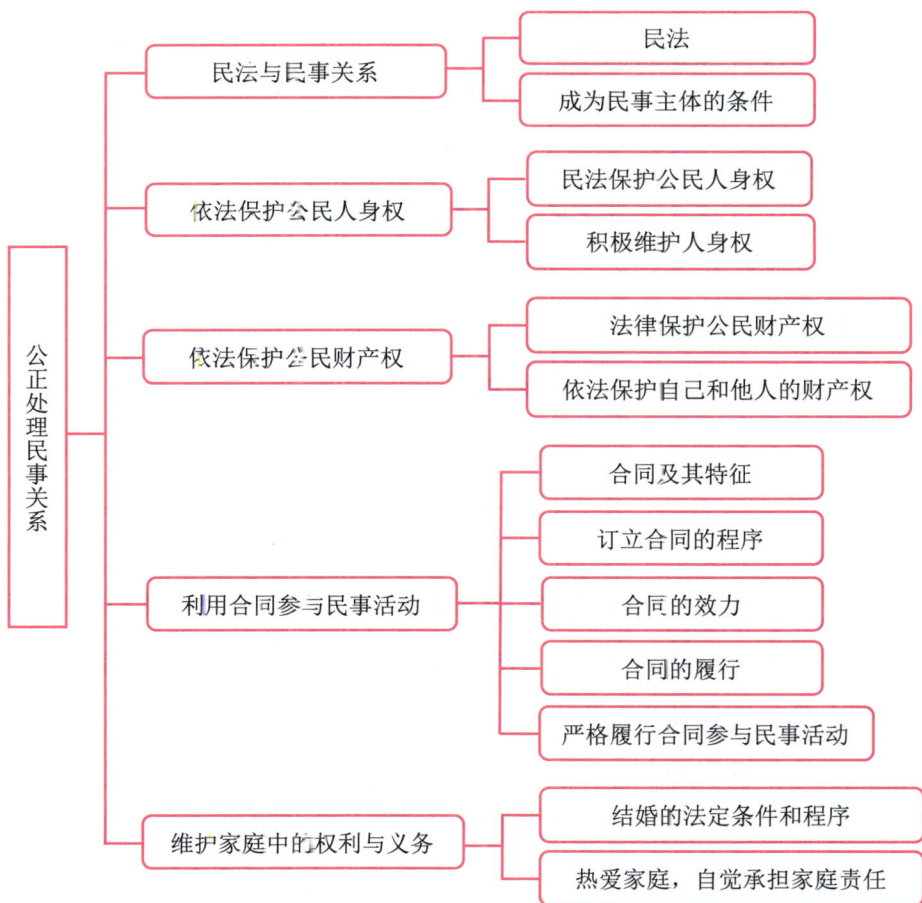

```
                                    ┌─────────────────────────┐
                        ┌───────────┤          民法            │
            ┌─ 民法与民事关系 ──┤           └─────────────────────────┘
            │               │    ┌─────────────────────────┐
            │               └───┤    成为民事主体的条件    │
            │                    └─────────────────────────┘
            │                    ┌─────────────────────────┐
            │               ┌───┤    民法保护公民人身权    │
            ├─ 依法保护公民人身权 ┤  └─────────────────────────┘
            │               │    ┌─────────────────────────┐
            │               └───┤     积极维护人身权       │
            │                    └─────────────────────────┘
            │                    ┌─────────────────────────┐
            │               ┌───┤    法律保护公民财产权    │
 公正      ├─ 依法保护公民财产权 ┤  └─────────────────────────┘
 处理      │               │    ┌─────────────────────────┐
 民事      │               └───┤ 依法保护自己和他人的财产权│
 关系      │                    └─────────────────────────┘
            │                    ┌─────────────────────────┐
            │               ┌───┤      合同及其特征        │
            │               │    └─────────────────────────┘
            │               │    ┌─────────────────────────┐
            │               ├───┤      订立合同的程序      │
            │               │    └─────────────────────────┘
            │               │    ┌─────────────────────────┐
            ├─ 利用合同参与民事活动┤      合同的效力        │
            │               │    └─────────────────────────┘
            │               │    ┌─────────────────────────┐
            │               ├───┤      合同的履行          │
            │               │    └─────────────────────────┘
            │               │    ┌─────────────────────────┐
            │               └───┤ 严格履行合同参与民事活动 │
            │                    └─────────────────────────┘
            │                    ┌─────────────────────────┐
            │               ┌───┤    结婚的法定条件和程序  │
            └─ 维护家庭中的权利与义务┤ └─────────────────────────┘
                            │    ┌─────────────────────────┐
                            └───┤热爱家庭，自觉承担家庭责任│
                                 └─────────────────────────┘
```

二、学习指南

（一）自主学习

1. 我国民法调整哪些民事关系？

2. 民事主体进行民事活动，要遵循哪些民法的基本原则？

3. 自然人和法人要成为民事主体需要具备什么条件？

4. 民法如何保护公民人身权？

5. 如何理解侵害人身权要受到法律制裁？

6. 我国法律对保护财产权有哪些规定？

7. 为什么要保护财产权？如何依法保护自己的财产权，尊重他人的合法财产权？

8. 合同的形式包括哪几种？

9. 订立合同的程序是怎样的？

10. 如何辨别合同是否有效？

11. 当事人在履行合同义务时应遵循哪些原则？

12. 如何严格履行合同参与民事活动？

13. 结婚必须符合哪些条件？

14. 未成年人在家庭中有哪些权利和义务？

（二）名师导学

1. 主要观点概述

民法是我国法律体系中最重要的法律之一，与人们日常生活的关系最直接、最密切，主要用于调整平等主体的公民之间、法人之间，以及公民与法人之间的财产关系和人身关系。

民事主体是指在民事法律关系中独立享有民事权利和承担民事义务的公民、法人和其他组织。自然人要成为民事主体，需要具备民事权利能力和民事行为能力两个先决条件。

公民的人身权受法律保护。侵害他人人身权要受到法律制裁。

中职学生要充分认识人身权在自己生活、学习及其他活动中的重要性，认真学习和理解我国民法中有关保护人身权的法律规定，增强权利意识，学会维护自己的各项人身权利。

我国《宪法》《民法通则》以及《物权法》等法律保护国家、集体和公民的合法财产权。任何非法侵害财产权的行为，都要承担相应的刑事和民事法律责任。中职学生要充分认识到，切实保护公民合法财产权，对于维护公民的正常生活、工作和学习具有重要意义，认真学习和理解我国有关保护财产权的法律知识，树立合法财产不可侵犯的观念，提高财产自我保护意识和能力，尊重国家、集体和他人的财产权，学会运用法律武器维护自己的合法财产权。

订立合同的程序，是指当事人为达成合同而相互交涉的过程，以及由此而达成协议的状态。当事人订立合同，采用要约、承诺方式。作为合同当事人要学会辨别合同是否有效。履行合同是实行合同目的最重要和最关键的环节，直接关系到合同当事人的利益。因而，合同当事人要严格遵循合同履行的原则，树立合同意识，正确利用合同参与民事活动。

根据我国《婚姻法》的规定，结婚的条件包括必备条件和禁止条件两个方面。其中，必备条件包括三方面：第一，必须男女双方完全自愿，不允许任何一方对他方加以强迫或任何第三者加以干涉；第二，男女双方必须达到法定婚龄，男不得早于二十二周岁，女不得早于二十周岁；第三，结婚必须符合一夫一妻制，一夫一妻是婚姻制度的基本原则，也是结婚的必备条件之一。禁止条件包括两方面：第一，直系血亲和三代以内旁系血亲，禁止结婚；第二，禁止患有医学上认为不应该结婚的疾病的人结婚。

中职学生要树立家庭观念，正确处理家庭成员的权利义务关系，为构建幸福和睦家庭尽责任。作为子女，要热爱家庭，严格要求自己，学会自律，尊重、理解、关心父母，承担力所能及的事。

2. 重点问题说明

（1）民法的基本原则：首先，要明确民法的基本原则在民事活动中的重要性；其次，联系实际情况理解民法的五条基本原则，即平等原则，自愿、公平、等价有偿和诚实信用的原则，保护自然人、法人合法权益的原则，遵守法律和国家政策原则，以及维护社会公共利益原则。

（2）依法处理民事关系：首先，要理解民法是调整财产关系和人身关系的法律依据，与我们的生活有着密切联系；其次，要理解依法处理好民事关系，就要学习民法、懂得民法、遵守民法；自觉用民法规范自己的行为，依法正确行使民事权利；自己履行法定的民事义务，尊重其他民事主体的民事权利，否则就要承担民事责任。

（3）积极维护自己和他人的人身权：首先，要认识维护人身权的重要性。人身权是人生存和发展的基本权利，没有人身权，人们就无法参加社会生活中的各种活动；其次，认真学习和理解我国民法中有关保护人身权的法律规定，增强权利意识，学会维护自己的各项人身权利；再次，既要积极维护自己的人身权利，也要在生活中尊重他人的人身权利，以创造良好的社会氛围，促进社会和谐。

（4）依法保护自己和他人的合法财产权：首先，要了解维护合法财产权对于国家、集体和公民个人的重要意义；其次，要明确依法保护财产权的途径，① 要通过学法、懂法，掌握有关保护财产权的法律知识，树立合法财产不可侵犯的观念；② 提高财产自我保护意识和能力，学会运用法律武器维护自己的合法财产权；③ 要具有义务意识，尊重国家、集体和他人的合法财产权；④ 知道侵害财产权所适用的民事责任方式。

（5）提高利用合同参与民事活动的能力：首先，要理解签订有效合同尤其是签订书面合同的重要性；其次，要明确我国民法为保护债权人的合法权益，设立了担保制度，担保方式有保证、抵押、质押、留置和定金五种，利用担保确保合同的履行；再次，要了解合同在一定条件下可以变更和转让；最后，要理解在履行合同的过程中，当事人一方不履行合同义务或者履行合同义务不符合约定的，就构成了违约，要承担违约责任。

（6）承担家庭责任：首先，要树立家庭观念，正确处理家庭中的权利与义务关系；其次，要热爱家庭，严格要求自己，学会自律；再次，要尊重、理解、关心父母，承担力所能及的事。

3．难点问题解析

（1）民法调整的对象：首先，要明确主体的平等与不平等。民法调整的是平等主体之间的民事关系，非平等主体之间的民事关系，如基于权力服从的行政关系中的财产关系和人身关系，不由民法调整；其次，要理解人身关系和财产关系的区别与联系。财产关系是具有经济内容的关系，人身关系是不具有直接财产内容的人格关系和身份关系。人身关系虽然不具有直接的财产内容，但人身关系中的人身权是民事主体享有财产权利的必要前提条件。

（2）侵害人身权要承担法律责任：首先，要明确公民的人身权利受我国民法保护，任何非法侵害他人人身权的行为，都要承担相应的法律责任；其次，要理解侵害公民的生命健康、人格尊严和人身自由等人身权要承担相应的法律责任。

（3）侵害财产权要承担刑事和民事法律责任：首先，要理解侵害国家、集体和公民的财产权要承担相应的民事和刑事法律责任；其次，要理解侵害物权要承担相应的法律责任。

（4）履行合同的原则：首先，要理解实际履行、诚实信用、全面履行和情事变更等合同履行的原则；其次，要弄清实际履行原则与全面履行原则的区别与联系。实际履行强调债务人按照合同约定交付标的物或提供服务，至于交付的标的物或提供的服务是否适当，则无力顾及。全面履行既要求债务人实际履行，交付标的物或提供服务，还要求交付标的物、提供服务符合法律与合同的规定。可见，全面履行必然是实际履行，而实际履行未必是全面履行。全面履行场合不会存在违约责任，实际履行不适当时则产生违约责任。

（5）未成年人在家庭中的权利和义务：首先，要理解未成年子女在家庭中享有被抚养、受教育和受保护的权利，有继承父母遗产的权利；其次，要理解子女在家庭中有赡养扶助父母的义务。

三、生活感悟

（一）学生伤害事故

2019年9月12日，某初中在学生上体育课时，临时召集全体教师开会，让学生们在篮球场内自由活动。在学生投篮过程中，篮球架因年久失修，忽然倒塌。篮球圈正好砸在陈某的头上，陈某当场昏迷过去。由于抢救及时，陈某才脱离危险。事发过后，陈某家长将学校起诉到法院，要求其承担陈某的全部医疗费用。

【简析】篮球架属于教育教学设施，学校应及时进行检修和翻新，以防学生受到伤害。由于学校没有采取保护措施，才导致了陈某受伤。同时，学校召集全体教师开会，没有安排教师指导学生开展体育活动，是学校教学管理制度和监督制度不完善、不健全的表现。因此，学校应承担全部责任，赔付陈某的全部医疗费用。

【感悟】上述事例启示我们，如何做才能维护好自己和他人的合法权益？

（二）保护人身权

某合资企业，老板见几名女工正在聊天，便走到正在说话的一名女工面前"啪"的就是一记耳光。事后有人告诉老板，那天正值机器大修，工人不上班，这几位女工是义务来车间搞卫生的。

第二天，老板交给被打耳光的女工一个信封，里面装有400元人民币。一些小姐妹听说后，很羡慕这个女工，并说："一耳光400元，辛辛苦苦要干一个月，每天给他打一下也合算。"

【简析】上述事例中的老板侵犯了女工的人身权。人身权包括人格权和身份权两大类，人格权包括生命权、身体权、健康权、姓名权、名称权、名誉权、肖像权、隐私权，身份权包括亲权、配偶权、亲属权和荣誉权。

【感悟】你觉得那些小姐妹的想法对吗？为什么？

（三）被卖掉的DVD还能要回吗？

甲出国留学，临行前将自己价值1 080元的DVD机委托乙保管。乙在甲出国后，擅自将甲的DVD机以650元的价格卖给丙。甲从国外回来后，得知自己的DVD机被乙卖给丙，便要求丙返还原物。丙不给，理由是该机是自己花钱买来的，对其拥有所有权。为此，甲丙二人争执不下。

【简析】财产所有权是所有人依法对自己的财产享有占有、使用、收益和处分的权利，它是财产归谁所有在法律上的表现。在我国，公民合法财产的所有权受法律保护。乙受甲的委托占有甲的DVD机是合法的，但处分甲的DVD机则是非法转让。若丙从乙手中购买DVD机时并不知道乙对该机无处分权，应属于善意取得。甲丧失了该DVD机的所有权，只能要求乙赔偿自己的损失。若丙在知情的情况下，依然购买该DVD机，则丙应当归还甲的DVD机，乙将600元钱还给丙。

【感悟】当财产所有权受到侵害时，应通过什么途径确认和维护自己的财产所有权？

（四）去哪儿不是一样玩儿？

王鹏与一家旅行社签订了一份海南七日游的合同。正当他高高兴兴准备启程时，该旅行社却告知，由于此行客户少而取消，建议他到苏杭七日游。王鹏不同意。双方争执不下。

【简析】上述案例中，王鹏与旅行社签订的合同是有效合同。在合同履行中，旅行社未经王鹏同意，以合同约定的游线客户少而以新线路代替，违背了实际履行原则。

【感悟】结合上述案例，谈谈我们应如何正确利用合同参与民事活动。

（五）感恩父母是一种生活常识

有一年轻人向一位智者抱怨自己父母的平庸，家境的平凡。

智者问："假如有人用100万换你强健的四肢，你愿意吗？"

年轻人回答："不愿意。"

智者再问："假如有人用1 000万换你明亮的眼睛，你愿意吗？"

年轻人摆手："不愿意。"

智者接着问："假如有人用1亿元换你健康的生命，你愿意吗？"

年轻人连连摇头："不愿意。"

智者说："那就快感谢你的父母吧，他们一次性馈赠给你超过一亿一千一百万的巨额财富。"

【简析】我们与父母的关系不可选择。父母不仅给予我们生命，还哺育我们茁壮成长。

【感悟】我们应如何与父母和谐相处？

四、知识检测训练

（一）单项选择题（下列各题的4个选项中，只有1项是符合题意的）

1. 民法的调整对象是平等民事主体之间的人身关系和（　　　）。

　　A. 财产关系　　B. 经济关系　　C. 物权关系　　D. 债权关系

2．杨某系某中学初二学生，在校期间因与同学刘某发生争执，而追打刘某，致使刘某摔伤。该事例涉及的民事关系是（　　）。

A．财产关系　　B．经济关系　　C．人身关系　　D．债权关系

3．赵某和钱某一同逛街，在走进一间小店后，赵某看中并试了一件连衣裙，但是觉得不太合适，并没打算买，店主却逼其购买。店主的这种行为违反了民法的（　　）。

A．平等原则

B．自愿原则

C．诚信原则

D．禁止权利滥用原则

4．李某在 18 岁生日当天去吴某的照相馆拍了一组写真，吴某偷偷留下李某的照片，将其卖给甲出版社用作挂历。后又将该照片送给乙厂做沐浴露包装。本案中侵害李某肖像权的是（　　）。

A．甲出版社和乙厂

B．吴某和甲出版社

C．吴某和乙厂

D．吴某、甲出版社和乙厂

5．我国《民法通则》将民事权利分为人身权和（　　）。

A．人格权　　B．身份权　　C．财产权　　D．继承权

6．某著名歌星，一直被狗仔队跟踪。某日，某狗仔队所在报社，在头版爆出新闻：甲有私生子。甲于是向法院起诉，要求报社恢复名誉、消除影响、赔礼道歉并赔偿精神损害。法院审理查明，报社报道纯属子虚乌有。该案例中，报社侵犯了该歌星的（　　）。

A．隐私权　　B．名誉权　　C．姓名权　　D．身体权

7．保护公民个人所有合法财产及其所有权的重要意义表现在（　　）。

A．可以维护个人的发展

B．是公民当家作主的表现

C．可以保持社会长久地发展下去

D. 可以保障公民专心致志地从事生产、工作和学习，积极参加社会主义现代化建设

8. 甲公司通过电视发布广告，称其有 100 台某品牌电视，每台 3 千元清货，广告有效期 10 天。乙公司看到该则广告后于第 3 天自带金额 15 万元去甲公司，欲购 50 台电视，但甲公司的电视此时已全部售完，无货可供。依照法律规定，有关本案的正确表述是（   ）。

A. 甲发布广告的行为构成要约，乙的行为构成承诺，甲不承担违约责任

B. 甲发布广告的行为不构成要约，乙的行为不构成承诺，甲不承担民事责任

C. 甲发布广告的行为构成要约，但乙的行为不构成承诺，甲不承担民事责任

D. 甲发布广告的行为构成要约，乙的行为构成承诺，甲应补偿乙实际支出的费用损失

9. 小王与房东签订了为期一年的租房合同。三个月后，房东却以小王私装宽带为由提高房租。小王拒绝后，房东遂对房屋实施了停电和停水，迫使小王另寻住处，对其造成了很大的损失。在上述案例中，房东未按照（   ）履行合同。

A. 诚实信用原则　　　　　　B. 全面履行原则

C. 经济合理原则　　　　　　D. 情事变更原则

10. 13 岁的刘某在某中学读初二，其父认为她学习不好，她便辍学了。老师找到她谈话，她说："受教育是公民的一项权利，纯属个人私事，我可以放弃。"这段材料主要说明了（   ）。

A. 刘某的言行是坚持了公民享有的权利

B. 刘某父亲的做法符合家庭实际，因而是正确的

C. 刘某父亲的做法侵犯了宪法赋予刘某受教育的权利

D. 刘某的言行违背了受教育既是公民的权利，又是公民的义务，作为义务是必须履行的

（二）多项选择题（下列各题的 4 个选项中，至少有 2 项是符合题意的）

1. 下列属于限制民事行为能力的人有（　　）。
    A. 80 岁的老人
    B. 不满 10 周岁的未成年人
    C. 已满 16 周岁未满 18 周岁的人
    D. 不能完全辨认自己行为的精神病人

2. 下列案例中，适用返还财产的是（　　）。
    A. 何某借给宋某一支金笔，宋某谎称丢失，何某要求宋某返还
    B. 孙某偷了李某的金项链送给女友郑某，郑某在不知情的情况下收下，李某要求郑某返还
    C. 张某借了王某的手表，并卖给刘某，刘某以为是张某自己的手表而买下，王某要求刘某返还
    D. 赵某向钱某买了两只羊，赵某又将羊卖给孙某，赵某得款后迟迟不付钱某的羊款，钱某无奈要求赵某返还两只羊

3. 某医院在一次优生优育的图片展览中，展出了某一性病患者的照片，并在说明中用推断性的语言表述该患者系生活不检点所致。虽然患者眼部被遮，也未署名，但有些观众仍能辨认出该患者。患者得知此事后因精神压力过大而自杀。医院这一行为侵害了患者的（　　）。
    A. 生命权　　　　　　　　　　B. 肖像权
    C. 名誉权　　　　　　　　　　D. 隐私权

4．当公民合法的私有财产受到侵害时，我们要学会依法维护自己合法的财产所有权。下面做法有助于维护这项权利的有（　　　）。

    A．多叫几个亲戚朋友强行要回属于自己的财产

    B．如果财产数量不多，就别过问了，自认倒霉

    C．与侵权人发生争议时，可向人民法院提起民事诉讼

    D．向侵权人提出权利请求，要求对其侵权行为承担相应的法律责任

5．甲公司向包括乙公司在内的十余家厂商发出关于某项目的招标书。乙公司在接到招标书后向甲公司发出了投标书。甲公司经过开标，确定乙公司中标并向其发出中标通知书。下列各项描述中正确的有（　　　）。

    A．甲发出招标书的行为为要约

    B．乙发出招标书的行为为要约

    C．甲发出中标通知书的行为为承诺

    D．甲发出招标书的行为在性质上属于要约邀请

6．凡具有（　　　）情形之一的合同均视为无效合同。

    A．一方以欺诈、胁迫的手段订立合同，损害国家利益

    B．以合法形式掩盖非法目的

    C．违反法律、行政法规的强制性规定

    D．恶意串通，损害国家、集体或第三人利益

7．周亮参军前是个勤奋学习的学生，复员后到电厂工作，由于工作努力，被评为劳动模范。他每月寄100元钱给乡下年迈的父母，并自觉交纳个人收入调节税。指出周亮履行了哪些义务？（　　　）

    A．受教育   B．抚养保护

    C．赡养扶助父母   D．教育未成年子女

8. 10 岁的佳佳在父母离婚后，跟着母亲生活，而父亲从未按离婚协议支付抚育费。母亲在多次与父亲协商无效后，一纸诉状将父亲告上法庭。经法院审理，依法判决父亲一次性支付佳佳母亲 6 000 元抚育费，另每月支付 600 元抚育费，至佳佳满 18 岁时止。这段材料主要说明了（　　）。

  A. 父母有抚养和保护未成年子女的义务

  B. 父母有责任从物质上、经济上养育和照料子女

  C. 当父母不履行义务时，未成年子女有向父母追索抚养费的权利

  D. 未成年子女不具备独立生活的能力，如果没有父母的照顾，将不能健康成长

（三）简答题

1. 民法的基本原则主要包括哪些内容？

2. 简述订立合同的程序。

（四）分析题

1. 某年，甲与乙经别人介绍建立了恋爱关系，甲送给乙一条项链作为定情信物，两年后二人结婚。婚后，丙人攒钱买了一辆小汽车。某天甲开车，路上车被丙违章驾车撞坏，甲要求丙赔偿。

（1）上述过程，发生了哪些民事法律关系？

（2）这些法律关系中，哪些是财产关系？哪些是人身关系？

（3）在丙撞坏甲的车，甲要求丙赔偿这一法律关系中，主体、客体、内容分别是什么？

2．某贸易公司与某鞋业有限公司签订了增高鞋购销合同。由于贸易公司业务员缺乏经验，致使鞋业公司钻了空子，在合同中明文规定："该鞋属试制阶段，工艺尚存在问题，因此让利销售，每双 50 元；销售后鞋面发生爆裂，由需方负责。"贸易公司将增高鞋销售给顾客后，没穿几天鞋面就自动爆裂而无法再穿，顾客纷纷要求退货。经专家鉴定，这种鞋属于不合格产品。鞋业公司以合同已有明文规定为由不同意退货，贸易公司向人民法院起诉。

（1）上述案例中，合同是否有效？为什么？

（2）我们应如何才能辨别合同是否有效？

（3）我们在履行合同时应遵循哪些原则？

（五）实践题

1．在班里做一次有关"财产权遭受侵害与维护"的调查，研究其中的原因和有效措施，并向全班公布调查与研究报告。

2．了解合同的格式和签订程序，模拟签订合同的过程。

3．"谁言寸草心，报得三春晖"。孝敬父母是做人的本分，是中华民族的优良传统，也是我国法律规定的子女应尽的义务。作为一名中职学生，要从生活中的点滴做起：力所能及的事情自己做，不让父母操心，每天为父母递一次拖鞋，为父母整理一次房间，帮父母拖一次地，帮父母盛一碗饭，为父母倒一杯茶，为父母捶一次背，多和父母交流沟通，多征求他们的意见，每周和他们说一次知心话，当父母的贴心人。

第二节　依法生产经营，保护环境

一、知识结构归纳

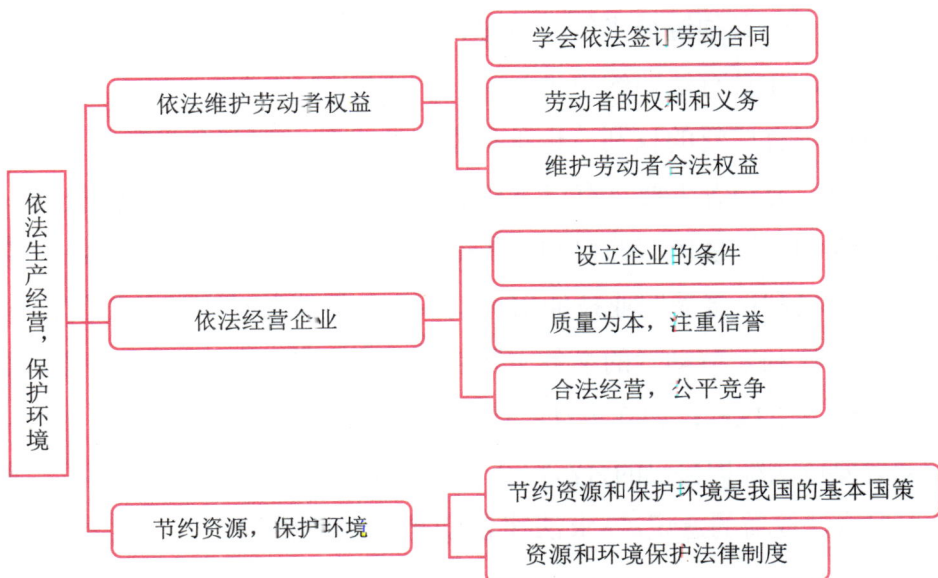

依法生产经营，保护环境
- 依法维护劳动者权益
  - 学会依法签订劳动合同
  - 劳动者的权利和义务
  - 维护劳动者合法权益
- 依法经营企业
  - 设立企业的条件
  - 质量为本，注重信誉
  - 合法经营，公平竞争
- 节约资源，保护环境
  - 节约资源和保护环境是我国的基本国策
  - 资源和环境保护法律制度

二、学习指南

（一）自主学习

1. 订立劳动合同需遵循什么原则？
2. 根据我国法律规定，劳动者享有哪些权利？
3. 根据我国法律规定，劳动者应该履行哪些义务？
4. 设立企业，应当具备哪些法定条件？
5. 生产者应对其生产的产品质量负责，产品质量应符合哪些要求？
6. 我国《反不正当竞争法》规定的不正当竞争行为主要有哪几类？
7. 我国现阶段的环境资源状况如何？
8. 我国公民，特别是中职学生在环境保护方面应该做到哪些？
9. 什么是环境法律责任？主要包括哪几类？

（二）名师导学

1. 主要观点概述

劳动合同是劳动者与用人单位确立劳动关系、明确双方权利与义务的协议。劳动合同是劳动者维护权益的重要依据，对劳动者十分重要。

订立劳动合同必须遵循平等、自愿、协商一致和合法的原则。只有依法订立的劳动合同，才具有法律约束力。

劳动者既享有广泛的权利，也承担相应的义务，权利和义务是相统一的。根据法律规定，劳动者主要享有以下权利：平等就业和选择职业的权利；取得劳动报酬的权利；休息休假的权利；获得劳动安全卫生保护的权利；享受社会保险和福利的权利；接受职业技能培训的权利；提请劳动争议处理的权利及法律规定的其他权利。劳动者的义务主要包括：完成劳动任务；提高职业技能；执行劳动安全卫生规程；遵守劳动纪律和职业道德。

劳动者要依法维护自己的合法权益，就必须要学习相关的法律知识，增强依法维护自己合法权益的意识。寻求法律帮助是劳动者维护个人合法权益的重要途径。

设立企业是法律行为，必须符合法律规定的条件和程序。设立企业后，经营者要合法经营，公平地参与市场竞争，树立正当竞争意识，反对不正当竞争行为。社会主义市场经济是法治经济，企业只有做到合法经营，公平竞争，才能成为真正的市场主体，才能建立规范有序的市场秩序。

环境法律责任是指造成或可能造成环境污染和破坏的当事人依法所应承担的法律后果，主要包括民事责任、行政责任和刑事责任三种。

中职学生应该树立保护环境的理念，树立生态文明观，掌握环保知识，履行节约资源、保护环境的义务。

2．重点问题说明

（1）劳动者要依法维护自己的合法权益：首先，必须要学习相关的法律知识，增强依法维护自己合法权益的意识；其次，要明白劳动合同在维护劳动者权益方面发挥的关键作用；再次，要了解寻求法律帮助是劳动者维护个人合法权益的重要途径。

（2）企业要树立质量意识，注重信誉：一是要明确企业的产品质量和信誉的重要性，它是企业的生命力所在，更与人民群众的生活密切相关，关系着我国的社会主义市场经济的健康发展。二是企业必须保证产品质量，这是企业的义务，了解法律对企业保证产品质量的基本要求。三是产品销售者同样有责任和义务保证产品的质量。

（3）节约资源，保护环境，要从我做起：首先，要明白政府有责任采取有效措施保护资源环境；其次，要明确企业有责任履行节约资源和保护环境的义务；再次，要明确公民应履行节约资源和保护环境的义务，特别是作为中职学生应当自觉依法履行节约资源和保护环境的责任与义务，做一个环保公民。

3．难点问题解析

（1）依法签订劳动合同：劳动合同的签订在现实生活中存在很多问题，企业有权与职工签订不同期限的劳动合同。有些企业利用签订短期劳动合同，使职工陷入就业不稳定状态，侵犯了职工的合法权益。有些企业签订"霸王合同"，随意解雇职工，侵犯了劳动者的就业权。有些企业滥定试用期，通过设定较长的试用期来规避对劳动者应尽的法定责任。还有些企业在试用期给予劳动者较低的工资待遇，在试用期结束前又以所谓的劳动者达不到录用条件为由解雇职工，变相盘剥劳动者。这些问题对中职学生而言缺乏切身体会，对劳动合同的重要性、规范性、有效性等又缺乏了解。因此，中职学生在掌握签订劳动合同一般知识的基础上，应当寻找相关案例，在老师的指导下，与同学一起分析、归纳、总结出签订劳动合同中容易出现的问题，找出解决这些问题的对策。

（2）企业要合法经营，公平竞争：从法律和现实的要求看，合法经营是国家、社会对企业的基本要求，而优胜劣汰又是市场机制运行的必然结果。正当的竞争，必须是竞争者通过付出劳动而进行的诚实竞争、公平竞争，这样才能确保广大消费者的合法权益。

三、生活感悟

（一）"毒棒棒糖"险要孩子命，厂家赔偿6万元

市民张女士给孩子买了支棒棒糖，没想到糖中添加的几种色素严重超标，差点要了孩子的命。为防止它在市场上继续危害其他无辜的孩子，张女士自掏腰包到市场上购买已经由权威部门检测的不合格产品，并向执法部门投诉。张女士的收购行动和维权行动引起了厂家的重视，24日，"青蛙棉花棒棒糖"的生产厂家——东莞市某食品有限公司代表陈先生专程会见张女士，当事双方经6个多小时的协商谈判达成协议。厂家承诺停止生产或改良"青蛙棉花棒棒糖"配方，新产品必须符合国家质量标准；给张女士的孩子6万元赔偿费。

【简析】青蛙棉花棒棒糖违背了合法经营、保证质量的要求，侵害了消费者的身心健康。张女士的执着，加上很多人的帮助，让厂家低头认错并作出赔偿，最终取得了维权的胜利，也促进了企业产品质量的改进，维护了广大消费者的合法权益。

【感悟】维护合法权益能否以商品价值的大小做标准？张女士的做法给我们什么启示？你认为遇到类似事情应该做好哪些工作？

（二）从我做起，珍惜生命之水

我国宁夏人均水资源占有量仅为 200 立方米，是全国人均水平的 1/12，是世界人均水平的 1/48，位列全国倒数第 2 位。但用水现状是，全区农业灌溉用水平均利用率仅为 40%，工业用水利用率也不高，城市生活用水"长流水"随处可见。为此，宁夏发出了"从我做起，珍惜生命之水"的倡议。

【简析】水是生命物质的主要成分，水和生命是密不可分的，它是工业、农业发展的命脉，是地球对人类最宝贵的馈赠。然而人类对保护淡水资源的认识不足，保护措施乏力，致使淡水资源浪费严重，特别是因使用不当而使淡水资源造成极大的污染，导致可用淡水资源匮乏，威胁着人类的生存和发展。为了人类的可持续发展，必须提高人们的水资源保护意识和水平，加强淡水资源的管理，减少乃至消除污染，保持水质清洁，用水节制，改善生态环境，为人类的发展创造美好的明天。

【感悟】依法节约资源和保护环境是全社会的共同责任和义务，你认为"从我做起，珍惜生命之水"应该有哪些具体行动？

四、知识检测训练

（一）单项选择题（下列各题的 4 个选项中，只有 1 项是符合题意的）

1. 某大型商场以年节工作紧张为由，要求员工必须每天工作 12 小时。这种做法侵犯了员工的（　　）。

　A．休息休假权　　　　　　　B．接受职业技能培训权

　C．取得劳动报酬权　　　　　D．平等就业和选择职业权

2. 在解决劳动纠纷的基本形式中，最简单方便的劳动争议解决方式是（　　）。

　A．提起诉讼　　　　　　　　B．申请仲裁

　C．申请调解　　　　　　　　D．协商解决

3. 股份有限公司以其（　　）对公司债务承担责任。

　A．赢利　　　　　　　　　　B．全部资本

　C．注册资本　　　　　　　　D．股东财产

4. 张昌用 1 900 元在某大型电器商场买了一台家用录像机，用了不到一个月，录像机就出现故障，张昌找到商场要求退换或维修，可商场经理说："商场与生产厂家订有合同，商场只是代销单位，不承担任何质量责任。"对此正确的看法是（　　）。

　A．销售者对产品质量不负责任

　B．只有生产者对产品质量负责任

　C．生产者和销售者都应对产品质量负责任

　D．在销售者和生产者之间有合同约定时可以对产品质量不负责任

5．企业在执行环境保护基本国策中的正确做法有（　　）。

① 执行国家环境保护标准　② 追究违反环境法行为者的责任　③ 使用节能和环保标志　④ 发展环保产业

　　A．①②③　　　B．①③④　　　C．②③④　　　D．①②③④

（二）多项选择题（下列各题的 4 个选项中，至少有 2 项是符合题意的）

1．订立劳动合同必须遵循（　　）的原则。只有依法订立的劳动合同，才具有法律约束力。

　　A．平等　　　B．自愿　　　C．协商一致　　D．合法

2．在计算机专业本科毕业后，李丽到一家软件公司应聘，却被告知他们只招收男生，女生免谈。用人单位侵犯了李丽的（　　）。

　　A．平等就业的权利　　　　　B．接受职业技能培训的权利

　　C．选择职业的权利　　　　　D．取得劳动报酬的权利

3．劳动者的义务是指劳动者必须履行的责任，主要包括（　　）。

　　A．完成劳动任务　　　　　　B．提高职业技能

　　C．执行劳动安全卫生规程　　D．遵守劳动纪律和职业道德

4．某外企员工小黄怀孕 3 个月了，沉浸在准妈妈喜悦中的她却接到了单位人事部门的辞退书。小黄可以选择以下解决方式中的（　　）。

　　A．向人民法院提起诉讼

　　B．申请劳动仲裁委员会予以裁决

　　C．与单位协商解决

　　D．申请劳动争议调解委员会给予调解

5. 下列有关劳动合同的说法，正确的有（　　）。

    A. 合法、有效的劳动合同是劳动者与用人单位确立劳动关系、明确双方权利与义务的协议

    B. 合法、有效的劳动合同是劳动者维护自身权益的重要依据

    C. 企业无权与职工签订不同期限的劳动合同

    D. 在试用期，企业可以不与劳动者签订合同

6. 下列单位中，属于企业的有（　　）。

    A. 中国社会科学院   B. 安徽美菱集团

    C. 北京百货大楼股份有限公司   D. 东航安徽分公司

7. 设立企业必须具备的条件有（　　）。

    A. 要具备与企业类型相对应的具体条件

    B. 要有符合法律规定的名称，有企业章程或协议

    C. 要有符合法律规定的资本，有必要的生产经营场所

    D. 要有健全的组织机构和与其生产经营规模和业务内容相适应的从业人员，有符合国家法律规定的经营范围

8. 下列做法中，属于公民依法履行节约资源和保护环境义务的是（　　）。

    A. 参加选择绿色消费宣传活动

    B. 走访环保部门，学习环保知识

    C. 举行垃圾如何分类的图片展览活动

    D. 调查本地企业环保情况，向有关部门提出建议

9. 下列现象中，属于贯彻落实保护环境基本国策做法的是（　　）。

    A. 中职学生参加植树活动

    B. 国家制定施行国家环境保护标准

    C. 企业使用环保标志，发展环保产业

D．国务院审议通过《公共机构节能条例》

10．环境法律责任是指造成或可能造成环境污染和破坏的当事人依法所应承担的法律后果，主要包括（　　）。

A．环境民事责任　　　　　　　B．环境行政责任
C．环境刑事责任　　　　　　　D．环境司法责任

（三）简答题

1．根据我国法律规定，劳动者主要享有哪些权利？

2．设立股份有限公司应当具备哪些条件？

（四）分析题

1．甲厂为某县一白酒生产企业，该厂产品质量不高，销路不畅，后在市场调查中发现，同市乙厂所生产的"洪仙"牌46°白酒远比本厂的"洪河"牌白酒更受欢迎，为占领市场，该厂遂在本厂低档白酒上使用了与"洪仙"牌完全相同的酒瓶、装饰和标签，在市场上销售。此行为使乙厂声誉大跌，消费者纷纷投诉，指责乙厂，乙厂降价但产品仍然滞销，造成严重经济损失，试问：

（1）甲厂的行为属什么性质？法律依据是什么？
（2）对甲厂依法应如何处理？

2．中学生叶某在某大型超市购买了某品牌的海苔三包，很快吃掉两包。过了3个月再吃剩下没开包装的海苔时，发现海苔虽在保质期内，但已发生霉变无法食用，一包海苔仅值10多元钱，叶某顺手就想把变质海苔扔掉算了，叶的母亲具有保留购物发票的习惯，她找出3个月前的购物发票，拿着变质海苔找购物超市协商解决变质海苔问题。

（1）请为叶某找出维权的法律依据。

（2）谁应为叶某承担赔偿责任？

（3）叶某的正当要求如果在超市得不到解决，她还可以采取哪些维权方式？

（五）实践题

1．日常生活中经常可以看到类似"商品售出一概不换""打折商品概不三包"等格式条款，这些条款实质上违背了法律对企业"追求产品和服务的高质量"的要求。

（1）分组走访学校或家附近的大商场、小店面等经营场所，对产品销售者出示的类似格式条款采取笔记或者拍照等方式进行收集。

（2）将收集的格式条款进行分类，对比法律规定分析所收集的条款是否违法。

2．收集我国近两年出台的保护环境的法律、法规等，并谈谈其颁布实施的重要性。

第六章　劳动合同的签订、解除与终止

第一节　签订一份有效的劳动合同

一、知识结构归纳

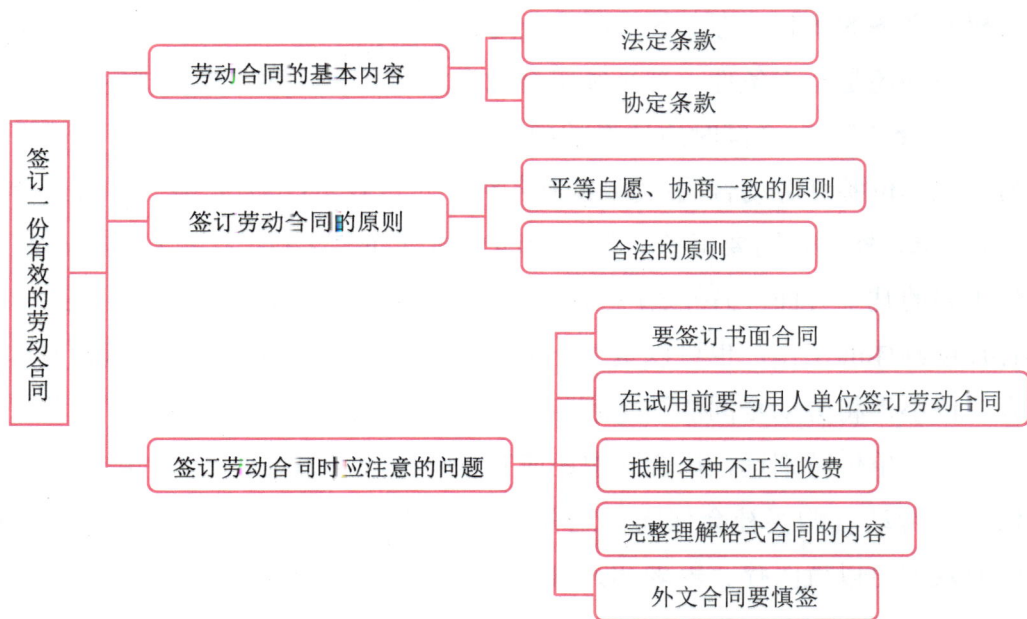

```
                              ┌─────────────────┐        ┌──────────────┐
                              │ 劳动合同的基本内容 │────────│   法定条款    │
                              └─────────────────┘   │    └──────────────┘
                                                     │    ┌──────────────┐
                                                     └────│   协定条款    │
                                                          └──────────────┘
┌─────┐                       ┌─────────────────┐        ┌──────────────────────┐
│签订 │                       │ 签订劳动合同的原则 │────────│ 平等自愿、协商一致的原则 │
│一份 │                       └─────────────────┘   │    └──────────────────────┘
│有效 │──────                                        │    ┌──────────────┐
│的劳 │                                              └────│   合法的原则  │
│动合 │                                                   └──────────────┘
│同   │                       ┌──────────────────┐       ┌──────────────────────────┐
└─────┘                       │签订劳动合同时应注意的问题│───────│      要签订书面合同        │
                              └──────────────────┘   │   └──────────────────────────┘
                                                      │   ┌──────────────────────────┐
                                                      ├───│ 在试用前要与用人单位签订劳动合同 │
                                                      │   └──────────────────────────┘
                                                      │   ┌──────────────────────────┐
                                                      ├───│     抵制各种不正当收费      │
                                                      │   └──────────────────────────┘
                                                      │   ┌──────────────────────────┐
                                                      ├───│    完整理解格式合同的内容    │
                                                      │   └──────────────────────────┘
                                                      │   ┌──────────────────────────┐
                                                      └───│      外文合同要慎签        │
                                                          └──────────────────────────┘
```

二、学习指南

（一）自主学习

1. 劳动合同的基本内容分为哪两部分？这两部分又分别包括哪些内容？

2. 签订劳动合同需要遵循什么原则？

3. 签订劳动合同时需注意哪些问题？

（二）名师导学

1. 主要观点概述

劳动合同的内容是指在合同中需要明确规定的当事人双方的权利义务及合同必须明确的其他问题。

劳动者在签订格式合同时要注意完全理解格式合同的条款内容，并对其中的不合理部分提出异议。

2. 重点问题说明

（1）劳动合同中的协定条款：是指双方当事人自愿协商在劳动合同中规定的权利义务的条款。协定条款可以分为必要条件和补充条件两种情况。无论是必要条件还是补充条件，都必须符合国家法律、法规和政策的规定。

（2）签订劳动合同时应注意的问题：① 要签订书面合同；② 在试用前要与用人单位签订劳动合同；③ 抵制各种不正当收费；④ 完整理解格式合同的内容；⑤ 外文合同要慎签。签订劳动合同有许多学问，这里只是简单叙述了最主要的几个方面。另外还应当注意：工作内容可以规定劳动者从事某一项或者几项具体的工作，也可以是某一类或者几类工作，但都要求明确而具体。用人单位不得将劳动合同的法定解除条件列为经济补偿义务。如果劳动者家庭驻地离工作单位特别远，在合同中还应有食宿的解决方案。同时，用人单位必须依法为劳动者购买社会保险。这并不是合同所能约定和双方所能协商解决的，但双方可以就医疗、养老和人身意外伤害等补充商业保险进行协商约定。

三、生活感悟

正确签订劳动合同

路敏在北京一家公司做销售工作近半年了，她刚进单位时曾要求和公司签订劳动合同，但经理说已经过了当年签订时间，就一直没签。当初公司口头承诺月基本工资 5 500 元，但只发了几个月就以经济形势不好，资金暂时紧张为由停发了，到2019 年 7 月为止，已有 3 个月没有发放工资。路敏想离开这家公司，又担心 3 个月的工资黄了，不离开又没签合同。

【简析】《劳动法》明文规定，劳动合同是劳动者与用人单位确立劳动关系的唯一标志。路敏要证明和公司之间存在劳动关系，可以提供工资签收单、考勤卡、工作证、招聘登记表之类的证据，如果可能还可以要求同事出庭作证。

【感悟】路敏可以通过哪些方式维护自己的合法权益？她的遭遇对你未来签订劳动合同有什么启发？

四、知识检测训练

（一）单项选择题（下列各题的 4 个选项中，只有 1 项是符合题意的）

1. 鲁婷与用人单位签订了劳动合同，下列各项中最可能没有在劳动合同中出现的条款是（　　　）。

　　A. 保守秘密条款　　　　　　B. 劳动合同终止的条件

　　C. 劳动报酬　　　　　　　　D. 劳动保护和劳动条件

2. 用人单位与劳动者约定无确定终止时间的劳动合同是（　　　）。

　　A. 固定期限劳动合同

　　B. 无效劳动合同

　　C. 无固定期限劳动合同

　　D. 以完成一定工作任务为期限的劳动合同

3．固定期限劳动合同，是指用人单位与劳动者约定合同（　　）时间的劳动合同。

    A．解除　　　　　B．续订　　　　　C．终止　　　　　D．中止

4．《劳动合同法》规定，建立劳动关系，（　　）订立书面劳动合同。

    A．应当　　　　　B．可以　　　　　C．需要　　　　　D．无须

5．劳动合同的内容分为法定条款和（　　）条款两部分。

    A．指定　　　　　B．非法定　　　　C．协商　　　　　D．协定

6．劳动合同约定的试用期是包括在劳动合同的期限之内的，并且最长不能超过（　　）个月。

    A．1　　　　　　　B．3　　　　　　　C．6　　　　　　　D．12

（二）多项选择题（下列各题的 4 个选项中，至少有 2 项是符合题意的）

1．只有依法签订的劳动合同才是有效的，才具有法律约束力。以下关于劳动合同的说法中，正确的有（　　）。

    A．劳动合同可以以书面和口头形式订立

    B．劳动报酬和社会保险都属于劳动合同的必备条款

    C．劳动者与用人单位一经建立劳动关系就可以视为订立了劳动合同

    D．订立劳动合同必须遵循合法、平等、自愿、协商一致和诚实信用原则

2．劳动者（　　），用人单位可以解除劳动合同。

    A．被依法追究刑事责任的

    B．严重违反用人单位的规章制度的

C．在试用期间被证明不符合录用条件的

D．患病或非因工负伤，在规定的医疗期内的

3．根据劳动合同的期限长短，劳动合同可以分为下列哪些种类？（　　　）

A．固定期限劳动合同

B．无固定期限劳动合同

C．以完成一定工作为期限的劳动合同

D．不以完成一定工作为期限的劳动合同

4．签订劳动合同需注意下列哪些问题？（　　　）

A．要签订书面合同

B．抵制各种不正当收费

C．外文合同要慎签

D．完整理解格式合同的内容

（三）简答题

1．根据《劳动法》规定，劳动合同的法定条款包括哪些内容？

2．签订劳动合同需遵循哪些原则？

（四）分析题

1．陈某与某电脑公司签订的劳动合同期限为 6 个月，该电脑公司与陈某约定的试用期是 3 个月，试用期内的月工资 6 000 元，试用期满后的月工资为 8 000 元。

（1）如果陈某在该单位按照合同约定完成了 6 个月的试用期工作，而且该公司按照合同规定支付了试用期的全部工资，那么该公司与陈某约定的试用期期限是否合法？如果违法，电脑公司与陈某最多可以约定试用期的期限为多长？

（2）该公司应当支付的试用期工资是多少？

2．李某大学毕业后到甲广告公司工作，签订了 3 年的劳动合同，约定李某的工资为每月 5 500 元。公司在第一年每月按时发放工资，到了第二年，公司 3 个月没有发放工资，理由是资金周转困难。李某与公司协商，因为自己要租房子等生活费用，希望公司能将所欠工资发给自己，公司表示公司资金很困难，只能等几个月，李某无奈提起劳动仲裁，请求公司发放拖欠工资 16 500 元，经济补偿金 12 375 元，并解除与公司的劳动合同。

李某的要求是否合理？能否达成？

（五）实践题

以《劳动法》为核心的劳动法律制度，关系到每个人的工作和生活。让我们用心收集整理相关案例或资料，为将来做一个懂法、守法、用法的劳动者而做好准备，它必定会在你求职就业时助你一臂之力。

1. 请收集各个行业的劳动合同，比较条款的异同，看看哪个比较适合自己的专业。

2. 请收集劳动者维权的案例，分析案例侵犯了劳动者的哪些权利，劳动者是如何依法维护自己的合法权益的，总结案例给自己的启示并交流。

第二节　劳动合同的解除与终止

一、知识结构归纳

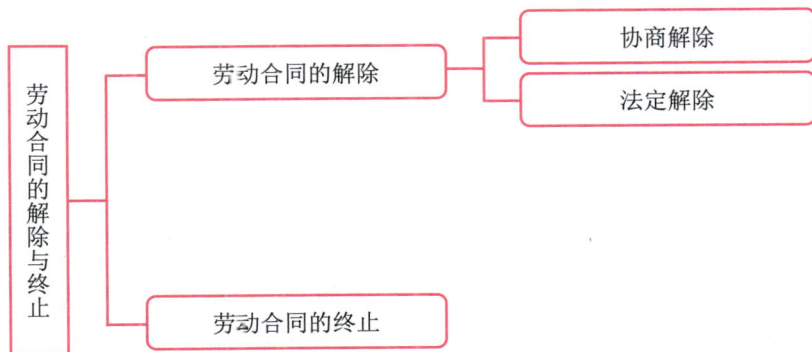

```
                                    ┌─ 协商解除
              ┌─ 劳动合同的解除 ─┤
劳动合同的解除    │                └─ 法定解除
与终止        │
              └─ 劳动合同的终止
```

二、学习指南

（一）自主学习

1. 什么是劳动合同的解除？劳动合同有几种解除方式？

2. 什么是劳动合同的终止？

（二）名师导学

1. 主要观点概述

协商解除劳动合同应当是自愿的，不论是哪一方先提出，都应该体现双方的真实意思，自愿、平等、协商一致。这是签订劳动合同的基本原则，也是协商解除劳动合同的基本原则。

劳动合同的终止是指劳动合同的双方当事人按照合同规定的权利和义务都已经完全履行，且任何一方当事人均未提出继续保持劳动关系的法律行为。

2. 重点问题说明

劳动者解除劳动合同，应当提前 30 日以书面形式通知用人单位。但有下列情形之一的，劳动者可以随时通知用人单位解除劳动合同：

（1）在试用期内；

（2）用人单位以暴力、威胁或者非法限制人身自由的手段强迫劳动的；

（3）用人单位未按照劳动合同约定支付劳动报酬或者提供劳动条件的。

三、生活感悟

关注劳动合同中容易被忽视的条款

某矿冶公司的崔某认为所在企业未能按照合同约定提供相应的安全措施，提出解除劳动合同。企业则提出，如果崔某解除劳动合同，就要按照有关规定赔偿企业录用和培训费用。崔某不服，到当地劳动争议仲裁委员会申请解决。

【简析】《劳动法》第三十二条规定："有下列情形之一的，劳动者可以随时通知用人单位解除劳动合同：（一）在试用期内的；（二）用人单位以暴力、威胁或者非法限制人身自由的手段强迫劳动的；（三）用人单位未按照劳动合同约定支付劳动报酬或者提供劳动条件的。"本案当事人双方已经在劳动合同中约定了劳动条件，企业以崔某的工作性质比较特殊为由，不予提供，违反了劳动合同约定，崔某根据上述规定，可以提出解除劳动合同。该案例提醒我们在签订劳动合同时，不要只注意合同期限、工作内容、劳动报酬等"硬件"要素，还要注意劳动条件等"软件"要素。

【感悟】在劳动合同各项条款中，还有哪些条款容易被劳动者忽视？

四、知识检测训练

（一）单项选择题（下列各题的 4 个选项中，只有 1 项是符合题意的）

1. 劳动合同的（　　）是指劳动合同当事人在劳动合同期限届满之前终止劳动合同关系的法律行为。

  A．解除   B．终止

  C．到期   D．结束

2. 劳动者解除劳动合同，应当提前（　　）日以书面形式通知用人单位。

  A．10   B．15

  C．30   D．50

3.（　　）解除是指出现国家法律、法规或合同规定的可以解除劳动合同的情况时，不需要双方当事人一致同意，合同效力可以自然或单方提前终止。

  A．协商   B．随机

  C．随意   D．法定

（二）多项选择题（下列各题的 4 个选项中，至少有 2 项是符合题意的）

1. 用人单位在劳动者有下列情形中的（   ）时，有权解除劳动合同。

    A. 在试用期间被证明不符合录用条件的

    B. 严重违反劳动纪律或者用人单位规章制度的

    C. 严重失职，营私舞弊，对用人单位利益造成重大损害的

    D. 被依法追究刑事责任的

2. 协商解除劳动合同可以分为（   ）两种情况。

    A. 用人单位提出   B. 劳动者提出

    C. 双方共同提出   D. 第三方提出

3. 劳动者有下列情形中的（   ）时，用人单位不得解除劳动合同。

    A. 患病或者负伤，在规定的医疗期内的

    B. 女职工在孕期、产期、哺乳期内的

    C. 患职业病或者因工负伤被确认丧失或者部分丧失劳动能力的

    D. 劳动者不能胜任工作，经过培训或者调整工作岗位，仍不能胜任工作的

4. 劳动者可以在（   ）等情况下随时通知用人单位解除劳动合同。

    A. 在试用期内

    B. 劳动者对工作不满意

    C. 用人单位以暴力、威胁或者非法限制人身自由的手段强迫劳动的

    D. 用人单位未按照劳动合同约定支付劳动报酬或者提供劳动条件的

（三）简答题

什么是协商解除？可分为哪几种情况？

第三节 劳动争议的解决

知识检测训练

简答题

简述我国法律规定了哪几种解决劳动争议的方式。